わかる環境科学

鈴木 啓輔 著

三共出版

まえがき

　今日，我々生物を生み育んでくれた地球の自然環境が，いたるところで好ましくない方向に向かいつつある。

　人類は，地球の自然環境の中で脳を発達させ，その知恵をつかって人類にとって快適な生活を営むべく努力をはらってきた。火を使うことを覚え，農業の技術を習得し，食料を増産し，人口を増やしてきた。そして，現在65億人という，もはや地球が養いきれないほどの増加をみるにいたった。それらの人々は，アメリカや日本などのエネルギー多消費型の文明をもつ先進国の生活を希求することにより，永い年月を経て作り上げられた人類の生存に不可欠な大気，水質，土壌などを汚染させ気候の変動をももたらすほどになってしまった。このような事態に至り，今，環境問題は，現代人にとって深く認識しなくてはならない重要なものになっている。

　本書は，環境科学が理系，文系にかかわらず大学教育の中で必須の内容ととらえ，地球の生い立ちから地球環境の歴史，環境汚染の現況および汚染防止に至るまで広範に詳述し，教養書として，また環境科学の分野の研究者育成の導入書として活用していただければ著者としてこのうえない幸いである。

　最後に本書の出版にあたり多くの論文，著書，記事などを参考にさせていただき，ご教示を受けた。それらの著者，編者各位に心より敬意と謝意を表する次第である。また，前著「環境科学」につづき本書出版にあたっては，企画の段階から種々有益な示唆とご指導ご助力をいただいた三共出版㈱石山慎二氏に厚く御礼申し上げ感謝の意を表したい。

2009年　春

鈴木　啓輔

目　次

章−1　地球環境の生いたち
　1-1　はじめに …………………………………………………………… 1

章−2　環境破壊の歴史
　2-1　農業による自然環境破壊 ………………………………………… 5
　2-2　工業による自然環境破壊 ………………………………………… 7
　　2-2-1　鉱山による環境破壊 ………………………………………… 9
　　2-2-2　紙・パルプ工業が生んだ環境破壊 ………………………… 10

章−3　大気と大気汚染
　3-1　はじめに …………………………………………………………… 12
　3-2　スモッグ …………………………………………………………… 12
　3-3　大気汚染物質 ……………………………………………………… 16
　　3-3-1　二酸化硫黄 …………………………………………………… 16
　　3-3-2　窒素酸化物 …………………………………………………… 20
　　3-3-3　フロンガス …………………………………………………… 21
　　3-3-4　温室効果ガス ………………………………………………… 25
　　3-3-5　アスベスト …………………………………………………… 31
　　3-3-6　その他の汚染物質 …………………………………………… 31
　　　(1)　エアロゾル …………………………………………………… 31
　　　(2)　鉛 ……………………………………………………………… 33

章−4　水と水質汚濁
　4-1　はじめに …………………………………………………………… 34

  4-2　水質汚濁の発生源 ……………………………………………36
   4-2-1　自然界からの汚染 ………………………………………36
   4-2-2　人為的原因による水質汚濁 ……………………………38
    (1)　重金属汚染 ………………………………………………38
    (2)　揮発性有機塩素化合物汚染 ……………………………40
    (3)　富栄養化 …………………………………………………41
    (4)　海洋汚染 …………………………………………………44
    (5)　水中における有機物の処理 ……………………………46
    (6)　温排水による熱汚染 ……………………………………47
  4-3　水質汚濁に係わる環境基準及び排水基準 …………………48

章―5　土壌と土壌汚染

  5-1　はじめに ………………………………………………………52
  5-2　土壌の機能 ……………………………………………………52
  5-3　土壌汚染の現況と汚染源 ……………………………………54
   5-3-1　土壌汚染物質 ………………………………………………54
   5-3-2　農薬による汚染 ……………………………………………54
   5-3-3　肥料による汚染 ……………………………………………57
  5-4　土壌の劣化と流失 ……………………………………………59
  5-5　農業以外の産業による土壌の汚染 …………………………61

章―6　エネルギーと環境破壊

  6-1　エネルギー源の変遷 …………………………………………63
  6-2　化石燃料資源の現状 …………………………………………65
   6-2-1　石　　油 ……………………………………………………65
   6-2-2　石　　炭 ……………………………………………………69
   6-2-3　天然ガス ……………………………………………………70
  6-3　エネルギー源の今後 …………………………………………75
   6-3-1　原 子 力 ………………………………………………………76
   6-3-2　新エネルギー ………………………………………………84

  (1) 太陽エネルギー……………………………………………85
  (2) 風　　力……………………………………………………87
  (3) バイオマス…………………………………………………89
  (4) 海洋エネルギー……………………………………………91

章－7　資源循環型社会と環境保全
 7-1　プラスチック ………………………………………………95
 7-2　金属類のリサイクル………………………………………101
  7-2-1　アルミニウム ………………………………………101
  7-2-2　その他の金属のリサイクル現状 …………………103
 7-3　省エネルギー………………………………………………105

東京電力福島第一原子力発電所事故の概要 ……………………109

索　　引 ……………………………………………………………111

章-1　地球環境の生いたち

1-1　はじめに

　我々人類が生活している太陽系の惑星の一つである地球は，今から約 46 億年前に誕生し，その質量は，5.88×10^{21} t，南北両極を結ぶ直径は 12,713.510 km，赤道直径は 12,756.280 km，表面積は 5 億 1,000 万 km²，その平均密度は 5.525 g/cm³，体積は 1 兆 832 億 884 万 km³と推測される。

　地球は，いわゆるビックバンを経て生まれた原始太陽のまわりを，残された塵やガスが運動し，集合して微惑星を多数形成し，これらが互いに衝突，合体して誕生したものと考えられている。

　微惑星の衝突，合体の過程で地球は溶融状態にあったとされている。この原始地球を溶融させた熱源は，微惑星の衝突によって発生するエネルギーが多量の熱を生み出したのと，地球を構成する元素のうちの放射性元素の崩壊によって放出されるエネルギーが熱に変化し高温となったものである。地球はこの放射性元素の崩壊に伴いエネルギーが放出される過程で寿命がつきてくるに従って次第に低温化し，表面が冷却されて**地殻**が形成されていったと考えられている。しかし，地球の内部までは，それほど温度低下は起こらず，現在でも核心の部分は約 3,700℃ の熱によって溶融している状態である。我々の住む地殻の厚さは，わずか 40 km 程にすぎず，地球内部の溶融したマグマから分離したガスや水分は，海や大気の組成を変化させていくであろうと考えられる。

　さて，地殻がこのように原始の状態から変化して今日の状態が形成されたように，原始の大気も，また現在の状態とはかなり異なったものであったとされ，原始大気は次第に変化し，今日に至る長い過程でいろいろな物質を生み出し，

その中から有機化合物が発生し，水素・酸素・窒素・硫黄などの元素が結びついた複雑な化合物を生成させ，やがてタンパク質を生み，それが一種の触媒である酵素と組み合わさって生命をもつ物質すなわち生物が誕生したのである。この生物の誕生は，地球誕生から10億年ほど後のことと推測されている。

　生物は，外界から食物を取り入れ，からだの中で変化させ，自分のからだの成分をつくり上げ成長し，やがて分かれて増殖していくが，地球の環境変化の影響を受けながら次第に進化し，数も増やして今日にいたっている。生物の進化に影響を与えた条件としては，大気や水の成分・熱・紫外線・宇宙線・地殻の岩石中のウランなどからの放射線などで，生物は単純なものから複雑な構造と機能を備えたものまで著しく多様性に富んだものになった。

　とくに生命誕生と大気との関係は密接かつ重要であった。マグマから原始大気中に放脱してきた揮発性物質の水蒸気が，地殻表面と大気の冷却とともに凝縮し，雨となって地表に降りそそぎ，地表を一層冷却しつつ海を誕生させた。海水は，原始大気の主成分である二酸化炭素を溶解し，炭素塩たとえば海水中のCa^+と反応した$CaCO_3$として取り込み大気中の二酸化炭素濃度を減少させていった。

　このように海が形成されたのであるが，海は生命の源と考えられている。海の成分は微量元素を含めて地球生物の組成に類似しており，海底からの熱水が噴出しているところに生物の発生があったとの説もある。また，今日のように酸素も多量ではなく，オゾンの存在も考えられないような環境においては，バクテリアのような単細胞生物でも太陽からの強い紫外線が照射されている地表では生存できず，海底で生息していたとしか考えられない。それでは，原始大気中に酸素を発生させたのはどのような機構からかというと，大気中の水蒸気が紫外線によって光分解させられることによるものと考えられる。

$$H_2O \xrightarrow{(紫外線)} 2H+O \qquad O_2 \xrightarrow{(紫外線)} O+O$$
$$O \longrightarrow O_2 \qquad O_2+O \longrightarrow O_3$$

　それとは別に，はじめに発生した単細胞生物から生物の進化に伴って葉緑素をもつ藻類が海中に出現し，これらの植物の光合成によって酸素が発生し，だんだん発生量も増えてきたと考えられる。しかし初期には，紫外線を防ぐほど

の量には至らず，藻類は海の深いところでの生息に限られていた。長い年月を経て酸素の量も次第に増大し，それに従って藻類も浅海での生息が可能となり，光合成も活発となり，大量の酸素を大気中に放出することとなった。同時に大気中にオゾン層も形成され，地表に到達する紫外線量も大きく減少し，今日のような状況が形成されたのである。その時期は，今から約2億年前といわれており生物が海中生活から地上での生活が可能となった時期でもある。

地上にはい上った植物の活発な光合成により酸素は大気中に多量に供給され，ついに酸素呼吸をし，頭脳をもってものごとを考え，手足を使ってものを加工生産する人類が誕生したのである。その誕生は今から400万〜500万年以前とされている。

人類は，ほかの生物と比べはるかに優れた頭脳をそなえていたため，その知力により猛獣から自己を守り，石斧・石槍・矢ジリなどの武器を考え，それらの道具や武器により食物を豊かにし，次第に数を増やしていった。さらに画期的なことは，約50万年前に火を用いることを覚えて，食物量を一層豊富にし，土を焼いて土器やいろいろの道具をつくり，生活環境の向上を計って人口増加への条件を整えていったのである。

今，世界の人口は，およそ67億人といわれている。1900年には16億人，1960年には30億人，2001年に60億人，2015年には73億人を超し増加の一

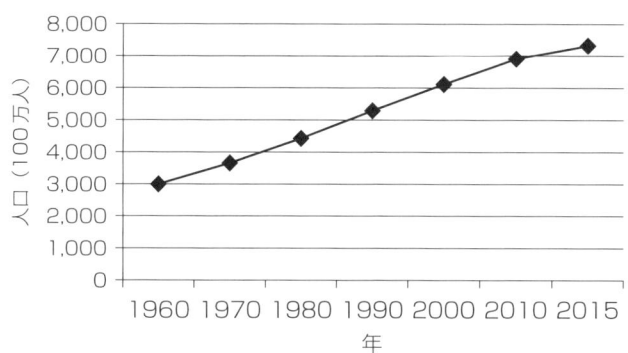

図1-1　世界人口の推移
出典：総務省統計局「世界の統計2016」

途をたどっている。このような人口増加が今日，地球環境に急速に変化を与え，そればかりか人類の生存に不適当と思われる環境をつくり出しつつあり，人類による環境破壊問題が大きく懸念され，その保全が真剣に考えられるようになっている。

章-2　環境破壊の歴史

2-1　農業による自然環境破壊

　人類がこの地球に誕生してから 400 万～500 万年，そして今から 13,000 年程前から，我々の祖先は農業・牧畜といった手段を見いだし，飛躍的な人口増加を可能にした。一方で，農業は人類がかかわった最初の大規模な自然環境の破壊をもたらした。

　地球表面の陸地のおよそ 30％をおおっている森林は，人類生存になくてはならない酸素の発生源であり，その下の土壌は，水をためゆるやかな灌漑作用を行い，集落を洪水から守っている。また植物の根から発生する酸性成分が岩石を分解させ，やわらかな土壌とし，さらに落ち葉や朽ちた植物から有機物が与えられ，肥沃な土壌がつくられる。

　この貴重な森林が，**焼畑農業**という原始的な農業によって大規模に破壊されたのである。焼畑農業とは森林に火をつけ焼きはらい，イモなどの食用植物を栽培し，作物を収穫するというものである。この畑で耕作を 2～3 年続けると，耕地に蓄積されている植物の成長に必要な栄養元素の窒素，リン，カリウムなどの肥料成分が作物により吸収され，その土地が耕作に適さないものに変化してしまうため，別の森林に火をつけあらたな畑をつくることになる。

　また，人類は農耕とともに家畜を飼育し，肉や乳，皮などを利用し始めたが，その家畜がすべて草食動物であったため，飼料を栽培するあらたな畑をつくって森林破壊をしたり，大量の草や灌木を求めて移動し，一層の緑地破壊をもたらしたのである。

　このような略奪的農業の結果，そこは再び元の森林にもどることはなく，広

大な草原や荒廃した砂漠と化していったのである。森林が破壊され，草原や砂漠になってしまうと，そこは水を保持する力が衰え，雨季には洪水をまねき，土壌は洗い流され一層荒廃した土地をつくることになる。

　森林の土壌には，落葉や枯れ枝とともに，昆虫，ミミズなどの行動する小空間が沢山あり，この空間に雨水が大量に蓄えられるのである。水のしみ込む速さを見ると，森林は草原の4倍ともいわれている。蓄えられた水は，ゆるやかに流れだし，地下水や川となる。このように，森林の土壌が雨水を溜めてゆるやかに水を流しだす機能を森林の「**水源涵養機能**」といい，森林が「**緑のダム**」といわれる理由である。

　人類最初の文明が発達した西南アジアで，現在荒地と化しているところに，数千年も前の耕地の跡がみとめられる。そこはもともと森林におおわれ，文明が栄えたが，多くの人口を養うためにその森林を乱伐してしまった結果，乾燥し，山は岩肌を見せ，**砂漠化**してしまったものと思われる。これが，「緑をくいつぶす文明のあとには砂漠しか残らない」といわれる理由でもある。

　このように，農業と牧畜は，自然環境破壊の大きな原因となったのであるが，19世紀中頃，ドイツの科学者リービッヒによって，植物の成長に必要な肥料の3要素が明らかにされ，肥料を施せば同じ耕地でくり返し耕作することが可

図 2-1　世界の砂漠と砂漠化の予測
UNEP 1977（環境庁，環境白書（総説）平成3年版（1991））

能であることが解明された。20世紀はじめには，フリッツハーバーが開発した**アンモニア合成法**による人造肥料の製造がなされるなど技術が大きく進歩した。もしこのような発見や新技術が開発されなかったなら，世界中の森林は，農業による伐採により，今日以上に深刻な状況となっていたのは確かである。

　今，世界における肥料の使用量は，増え続け，年間1億数万tにも達している。人口増大に伴う食料増産のための化学肥料の使用は過度ともいえ，その結果，土壌の酸性化を進め，生産力の低下をもたらしている。また，灌漑は約1億haの耕作地に塩害をもたらし，これも生産力を大きく低下させる原因になっている。さらに広範囲にわたる作物の単作による肥沃な耕作地の土壌流亡も大きな問題となってきている。

　このように，農業は，人類がかかわった最初の大規模な環境破壊であって，今日に至っても，焼畑農業，塩害，土壌流亡などにより，荒地や砂漠の面積を増加させているのである。

2-2　工業による自然環境破壊

　人類の文明生活は，煮炊きや暖房に燃料として木材を用い，また，住宅や舟をつくるのに材料として木材を用いてきたことから始まった。その木材は，森林の伐採によってまかなわれ，農業による環境破壊に劣らぬ大きな**森林破壊**の原因となった。また，ヨーロッパの先進国における製鉄，治金など金属を精錬する工業の過程で還元剤や燃料として木炭を大量に使用した。この木炭製造のための森林伐採は，自然環境に大きな影響を与え，ドイツやイギリスなどの国々にハゲ山を生んだ原因とされている。

　わが国においても，出雲地方に製鉄「**たたら製鉄**」が古い時代から起こり，還元剤として木炭を使用した。そのため木炭製造の可能な場所に窯をつくり，近辺の森林を使いつくすと，また新しく窯を木炭製造の可能な場所に移動し，次々と森林破壊をくり返してきた。

　日本の場合，ヨーロッパや西南アジアに見られるような森林破壊のあとに，荒地や砂漠を残さなかったのは，たまたま日本の国土が気候温暖で雨も多く，森林回復に時間がかからなかったためで，いまだに国土の約65％が森林におおわれている緑豊かな国となっている。

$$Fe_2O_4 + 4C \longrightarrow 3Fe + 4CO$$

一酸化鉄を還元して鉄を得る反応

近代技術が進歩し，18世紀頃からヨーロッパの先進国において工業が急速に発達したことから，その工業の燃料の主体が，これまでの木材から，3,000年前に中国で，2,000年前にギリシアで使用されたことのある石炭へと移行していった。

この石炭と近代技術が結びついたヨーロッパにおける，いわゆる"**産業革命**"は，今日，石炭革命，燃料革命ともよばれている。1920年代には，世界で用いる全エネルギー量の80％が石炭によって供給されるまでになった。この燃料の石炭化の動きは，燃料用の木材の使用量を大きく減少させ，森林の大規模な伐採による破壊が防止されたのは事実である。

しかし，一方で今日までに掘り出された1,000億tを超える石炭の大規模利用が，自然環境の破壊に大きな影響を与えたことも事実であった。その一つは，大規模開発が可能となる地表から直接石炭を掘り出す「露天堀」という採炭システムにあり，広大な地表に荒廃をもたらし，洪水をも引き起こす原因ともなったのである。さらに採掘に伴い，いろいろな化学物質が掘り出され，それらの物質が空気に触れ，水に溶けて酸性やアルカリ性の廃水を生み，とくに硫化鉄と空気と水の反応から生じる酸性の廃水は，"**酸性鉱廃水**"とよばれ，水質に害を及ぼし，環境に悪影響を与えた。

$$FeS_2 + \frac{7}{2}O_2 + H_2O \longrightarrow Fe^{2+} + 2SO_4^{2-} + 2H^+$$

$$Fe^{2+} + \frac{1}{4}O_2 + H^+ \longrightarrow Fe^{3+} + \frac{1}{2}H_2O$$

$$FeS_2 + 14Fe^{3+} + 8H_2O \longrightarrow 15Fe^{2+} + 2SO_4^{2-} + 16H^+$$

$$Fe^{3+} + 3H_2O \longrightarrow Fe(OH)_3 + 3H^+$$

硫化鉄の酸化反応によって生じる酸性鉱廃水発生プロセス

また，石炭は，1765年ワットによる蒸気機関の発明以来，その大部分が工業生産や輸送用燃料として使用されたが，その燃焼による**二酸化炭素**や，石炭中に成分として含まれる硫黄が**二酸化硫黄**となり，大気中に放出され，煤煙までも発生させたのである。二酸化炭素は，温暖化ガスの一つとされ，地球気象

に大きな影響を与える物質であり，二酸化硫黄は酸性雨の原因物質とされ，煤煙はスモッグの源になる物質でもある。

2-2-1　鉱山による環境破壊

工業による環境破壊のはじめは，鉱山の開発と金属の精錬であったということができる。すなわち公害である。わが国では，鉱山に結びついた害であったことから，"鉱害"とよんでいた。古くは，1590年代から活発に開発されていた佐渡金山に認められる。佐渡金山は，単体鉱床であって，金の鉱石を焼いて煙害を起こすわけでもなく，鉱廃水によって河川を汚染するものでもないが，坑内労働者の肺が汚染され傷害を起こす"ケイ肺"のような病で，多くの人が命を失った。それとは別に，鉱山で用いられる燃料や坑木のすべてを佐渡島で調達したため，森林は乱伐され洪水をもたらし，町や農業に大きな被害を与えることになった。

明治時代に入ってからの近代における鉱害として特筆される事例は，1800年代後半における足尾銅山からの**鉱山廃水**が渡良瀬川に流入し，漁業とそれを用水として用いていた付近の水田に大きな被害を与えた事件である。この鉱山廃水により，農業や漁業に悪影響を与えるものを"鉱毒"とよんでいた。

また，わが国は，かつて世界有数の銅の産地であり，足尾，日立，尾去沢など大規模な銅山があった。この銅山からの鉱毒とは別に，銅の鉱石を焼鉱する精錬過程で，二酸化硫黄が発生し，これにより周辺の山林が枯死する被害が発生したのである。

$$2\,CuFeS_2 + 4\,O_2 \longrightarrow Cu_2S + 2\,FeO + 3\,SO_2$$

$$2\,Cu_2S + 3\,O_2 \longrightarrow 2\,Cu_2O + 2\,SO_2$$

$$2\,Cu_2O + Cu_2S \longrightarrow 6\,Cu + SO_2$$

黄銅鉱から銅の精錬プロセス

この**煙害**を防止するため，当時の足尾銅山では，高い煙突を設けて煙をより希釈し遠方に拡散させ，少しでも二酸化硫黄の害を防止しようと試みたのであった。しかしながら，二酸化硫黄の害はその近辺では軽減されたものの，煙突から放出された煙の中の二酸化硫黄は，"気団"となってそのまま移動し，はるか20～30 kmも離れた山林を枯死させる結果となった。そこで焼鉱炉から

発生する二酸化硫黄を石灰水に吸収させる方法をで，煙害を軽減させるよう努力したものの完全な技術ではなく，周辺の山林は大きな被害を受け続けたのである。

以来，どこの鉱山でも煙害をできるだけ小規模にするため，精錬所を地理的条件のよい海上の島などに設けるように努めた。

この鉱山を発生源とする二酸化硫黄の鉱害は，その後，発生する二酸化硫黄をすべて硫酸に変えてしまう**接触硫酸製造法**の開発により改善された。

$$2\,SO_2 + O_2 \xrightarrow{V_2O_5} 2\,SO_3$$

$$SO_3 + H_2O \xrightarrow{400°C} H_2SO_4$$

━━━━━ 接触硫酸製造法プロセス ━━━━━

2-2-2　紙・パルプ工業が生んだ環境破壊

化学工業に起因する公害のうち，金属の精錬を別にすると，紙・パルプ工業があげられる。紙は，中国でつくられたのがはじめで，その後，9世紀にはヨーロッパでもつくられ始めた。当時の紙の主繊維源は布であったが，18世紀になり需要が増大し木材をパルプ化する技術が進歩し，今日では製紙用の繊維として木材の占める割合は，90％を超えるほどになった。

世界における紙の消費量は，用途も多様化し，1950年からわずか45年間で6倍にも増加し，2億8,100万tにも達している。

この紙・パルプ工業では，木材中に50〜55％含まれるセルロースだけを取り出し，パルプとして用いるのであるが，木材のもう一つの成分であるリグニンは不要物として廃棄され，河川の汚染や海洋の汚染を引き起こしたのである。

パルプの製造は主に，長い間，**亜硫酸パルプ法（SP法）**で行われてきた。亜硫酸カルシウムやマグネシウムを用いて，木材中のリグニンの二重結合をスルホン化する方法で処理し，セルロースだけを取るものである。

一般にこのSP法では，固形物を含んだ亜硫酸廃液が，パルプの生産量と同じ量で生成され，それがそのまま河川や海に放流されたため大きな水質汚濁をもたらした。現在では，廃液回収を伴なうアルカリ蒸解法による**クラフトパルプ（KP法）**が，製造法の首位を占めるようになった。このKP法は，19世紀

末にドイツで開発された技術で，リグニンを硫化物イオンの存在のもとに塩基性加水分解によって，木材から取り除く方法である．

$$Na_2S + NaOH + リグニン \longrightarrow アルコール，酸性加水分解生成物$$
$$R-S-R, R-SH + Na_2SO_4$$

メルカプタンやスルフィド類が生成し悪臭の問題があったが，現在，パルプの主製造法となっている．

章-3　大気と大気汚染

3-1　はじめに

　大気の組成（表 3-1）は，窒素 78.10 %，酸素 20.93 %，アルゴン 0.94 %，二酸化炭素（CO_2）0.03 %が主な成分で，そのほか，微量成分からなり，この大気中で我々の生命が維持されている。

表 3-1　水蒸気 4 %を含む空気の組成

成　　　　　分	濃度（%）
窒　　　　素	78.10
酸　　　　素	20.93
ア ル ゴ ン	0.94
二 酸 化 炭 素	0.03
ヘリウム，アンモニア，オゾン，水素，酸化窒素，ネオン，一酸化炭素，クリプトン，メタン，キセノン	微量

　しかし今日，地球温暖化や酸性雨といった大気の汚染に関わる環境破壊が，地球規模でとりあげられ人類の生存にも大きな影響をもたらすようになった。
　大気の汚染は，火山の活動，森林火災，波浪，黄砂などいわゆる自然現象に起因するものと，人間の活動に起因するものとがある。自然現象に起因する汚染は，ほかの自然現象によって処理されバランスが保たれ，比較的大きな問題はないものと考えられる。

3-2　スモッグ（smog）

　ヨーロッパの先進国は，産業革命以来，石炭を燃料として工業を支えてきた。それだけでなく，各家庭での煮炊きや暖房にも使用していたため，ロンドンで

は煙害に悩まされ，とくに冬期には石炭の不完全燃焼によって発生する煤煙が水蒸気の凝結核となり，五里霧中といわれるような非常に濃い霧が発生するようになっていた。この霧の中には，石炭中に含まれる硫黄の燃焼から発生する二酸化硫黄（SO_2）が大量に含まれ，1952年12月には，約4,000人もの市民が呼吸器を侵され死亡するといった悲惨な被害を引き起こすに至った。このときの大気中のSO_2濃度は，1.3 ppm，塵埃量が4 mg/m³，CO_2濃度が0.4%にも達していたとされている。

このように冬の寒い時期に石炭あるいはほかの燃料の煤煙が，水蒸気の凝結核となって発生する霧のことを"**ロンドン型スモッグ**"とよぶようになった。

スモッグ（smog）は，1905年に煙突からの煙が源になって発生する霧を，煙（smoke）と霧（fog）の合成語として名付けられたものである。

このロンドン型スモッグとは別に，夏の暑い時期に自動車や航空機の排気ガスが水蒸気の凝結核となって発生するスモッグが，アメリカのカリフォルニア州ロサンゼルス市に発生した。この発生は，エネルギー源の主体が石炭から石油に代わった1960年頃からと考えられる。煤煙禁止条例がもうけられ制限がなされた後にもかかわらず，夏期に"ロンドン型スモッグ"のように濃い霧ではないが，眼や皮膚などを刺激するモヤが発生するようになった。そこで，この霧を発見された地名にちなみ"**ロサンゼルス型スモッグ**"とよぶようになった。ロサンゼルス型スモッグは，日本では"**光化学スモッグ**"とよんでいる。燃料として用いられた石油などからの未燃焼炭化水素類と，同じく燃焼によって生成された窒素酸化物類が、大気中で夏の太陽光中の紫外線の"光化学作

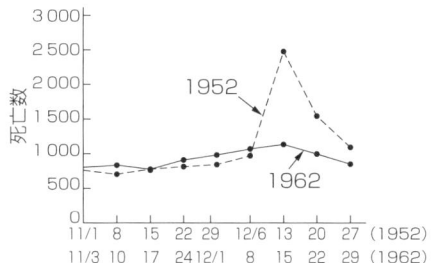

図 3-1　1952年と1962年のスモッグによる
　　　全疾病死亡数（ロンドン市役所発表）

用"を受けて生成した，眼や皮膚を刺激する"オキシダント（酸化性物質）"を含む霧である。

$$NO_x + HC + O_2 \xrightarrow{（紫外線）} オキシダント，(O_3, PAN,$$
（窒素酸化物類）（未燃焼炭化水素類）　　　　　　有機過酸化物など）

　光化学スモッグは，このような反応が大気中で表 3-2 に示したいくつかの条件が整った際に発生する複雑なものである。このオキシダントを発生する反応を詳細に解析すると，次のように考えられる。

表 3-2　ロサンゼルス型スモッグとロンドン型スモッグの相違点
（L. H. Rogers の分類）

	ロサンゼルス・スモッグ	ロンドン・スモッグ
発生時の気温	75〜90°F	30〜40°F
発生時の湿度	70 % 以下	80 % 以上
逆転の種類	沈降性逆転	放射性逆転
風速	5 mile/h 以下	無風
スモッグ最盛時の視程	1.6〜0.8 km 以下	100 m 以下
最も発生しやすい月	8 月，9 月	12 月，1 月
使用されている主な燃料	石油系燃料	石炭および石油系燃料
主な成分	オゾン，有機物，亜硝酸ガス，一酸化炭素	硫化物，粒状物質，一酸化炭素
反応の型	光化学的＋熱的	熱的
化学的反応	酸　化	還元
最多発生時間	日　中	早朝
人に対する主な影響	眼鼻への刺激	気管支への刺激

1）スモッグ発生の開始反応

$$NO_2 \xrightarrow{紫外線} NO + O（原子状酸素）$$

2）原子状酸素の反応

$$O + O_2 \longrightarrow O_3$$
（オゾン）｛刺激性の気体で，強い酸化性を有する。眼，気管支，肺に障害を与える。植物には葉に白，褐色の斑点を生じさせる。｝

$O + CnHm \longrightarrow CnHmO\cdot$

3）アシルペルオキシラジカルの生成反応

$CnHmO\cdot + O_2 \longrightarrow CnHmO_3\cdot$
（アシルペルオキシラジカル）

4）アシルペルオキシラジカルの反応

$CnHmO_3\cdot + NO_2 \longrightarrow CnHmO_3NO_2$
（ペルオキシアシルナイトレート　PAN）

{ 刺激性の大きい物質で農作物の葉に可視症状や奇形，裏面に光沢化などを与える。}

$$\begin{bmatrix} \text{R—C—O—O—NO}_2 \\ \parallel \\ \text{O} \qquad \text{PAN} \end{bmatrix}$$

$CnHmO_3\cdot + CnHm \longrightarrow$ R—CHO , R—C—R
　　　　　　　　　　　　　　（アルデヒド）　　∥
　　　　　　　　　　　　　　　　　　　　　　O
　　　　　　　　　　　　　　　　　　　　　（ケトン）

　これとは別に，ペルオキシラジカルは，大気中における二酸化硫黄から三酸化硫黄への反応の酸素供給もし，光化学スモッグの"モヤ"の原因となるエアロゾル（大気中の浮遊懸濁粒子）の生成にも関与する。

$SO_2 \longrightarrow SO_3$

$H_2O + SO_3 \longrightarrow H_2SO_4$

　スモッグの発生には，気象条件が大きくかかわっている。ロンドン型スモッグは，寒い時期の早朝に発生する。これは，地表が夜間に冷却されて地表近くの気温が上空より低くなる，いわゆる逆転現象が起こってしまう。このような状況になると，発生した煙は上空に上昇することなく地表近くに停滞し，深い霧の発生につながってしまう。したがって，太陽が昇り地表が温められたり，強風により逆転している層（**逆転層**）が存在しなくなればスモッグの発生はなくなるわけである。

　光化学スモッグは，強い紫外線が必要条件となる。通常，気温は地表から上空に行くほど低下していくが，逆転層が高い上空に存在すると，汚染物質を含んだ層はそれ以上は上空に上昇せず，汚染物質は閉じ込められ濃度を増し，そ

こに強い紫外線が照射されると光化学スモッグの発生となる。

したがって，北海道や北アメリカの北部の都市のような高緯度地方では，紫外線が弱いため発生しない。しかし，熱帯のような低緯度地方でも紫外線は強いものの気温も高いことから，熱による上昇気流がはげしく，逆転層の生成が起きづらく光化学スモッグは発生しない。ちょうど，東京や大阪などの中緯度地方で工業が盛んなところに発生しやすいということになる。

3-3 大気汚染物質
3-3-1 二酸化硫黄（SO_2）

古くから大気汚染物質として知られているものに，二酸化硫黄がある。鉱山での精錬の過程で発生したもので，わが国の足尾や日立では，銅の精錬で二酸化硫黄を放出し，精錬所付近の森林や農作物に大きな被害をもたらしたことはあまりに有名である。

その後，第二次世界大戦後，工業の急速な復興期にエネルギー消費量も急増し，そのエネルギー源を石炭や石油の化石燃料に依存した。とくに石油が石炭にとってかわって使われるようになり，経済の高度成長とともに大量に消費されるようになった。石油中には1～5％程の硫黄が含有しているため，この石油の燃焼により，二酸化硫黄が大量に発生されるようになった。

二酸化硫黄は，植物に悪影響を与えるのみでなく，人体に対しても大きな影響を与える。刺激性があり，気管支炎など呼吸器に疾患のある患者の症状を悪化させたり，喘息を起こすなど深刻な健康障害をもたらす危険な物質である。

また，"酸性雨"（acid rain）とよばれる雨が，森林や湖沼に大きな被害を与え，世界的な問題となっている。通常の雨は，大気中の二酸化炭素（CO_2）を溶かし炭酸（H_2CO_3）を含んでいる（PH 5.6）ので，弱酸性を呈している。酸性雨とはPH 5.6より数値の小さい値を示す，より酸性を呈した雨のことをいう。現在わが国においても，大部分の雨がPH 4.77（H 18）の酸性雨となっている。

二酸化硫黄も酸性雨の原因の一つである。二酸化硫黄は，大気中で水と反応して亜硫酸（H_2SO_3）となり，ゆっくりと三酸化硫黄（SO_3）に変化し雨水に溶けて硫酸（H_2SO_4）となり，雨水のPH値を下げ，土壌を酸性にして森林

に被害をもたらし，湖沼の酸性化をもうながし，また，大理石や石灰石造りの文化的建築物や彫像を溶かし損傷させたりする悪影響を及ぼしている。大理石や石灰石の主成分は炭酸カルシウム（$CaCO_3$）であるので，酸性雨との反応で次のように変化し溶解していく。

$$CaCO_3 + H_2SO_4 \longrightarrow CO_2 + H_2O + CaSO_4$$

わが国は，年間3億tもの原油を輸入している。この原油は，製油といって蒸留により各々の成分に分けたり，成分の一部を分解させたり，また化学反応を行わせて種々の製品にする操作がなされている。最初の常圧蒸留および精製工程を図3-2に示す。

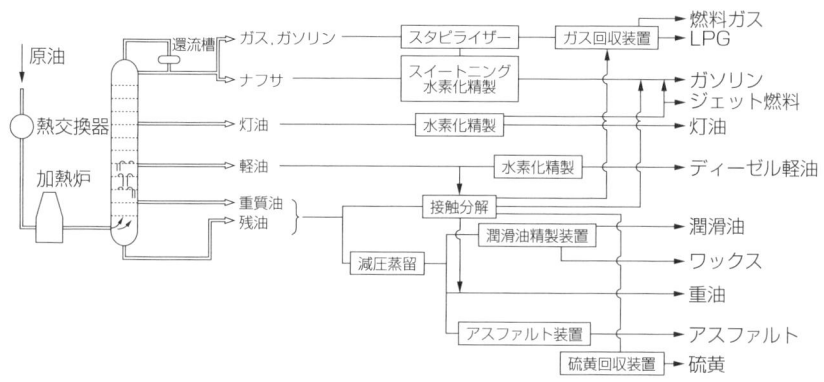

図3-2　常圧蒸留および精製工程

このうち重油は，工場の燃料，火力発電所の燃料として使用される重要な石油製品である。以前には，重油中の硫黄を取り除かないで生焚きしたことにより，大きな大気汚染を引き起こした。昭和43年に施行された大気汚染防止法により，燃料に使用する重油から硫黄を除去しなければならないことになった。重油の脱硫は，常圧残油そのままを水素化脱硫し低硫黄重油にする方法（**直接脱硫法**）と，常圧残油を減圧蒸留して得られる減圧軽油を水素化脱硫し，減圧残油とあわせ低硫黄重油にする方法（**間接脱硫法**）が工業的に用いられている（図3-3）。

このような脱硫工程を経ることにより，重油中の硫黄分は現在，図3-4のよ

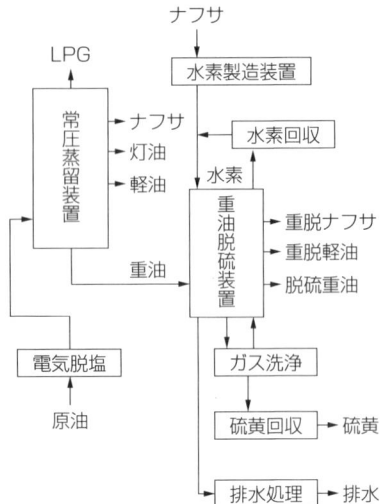

図 3-3　重油の脱硫を中心とする装置ブロックフロー図

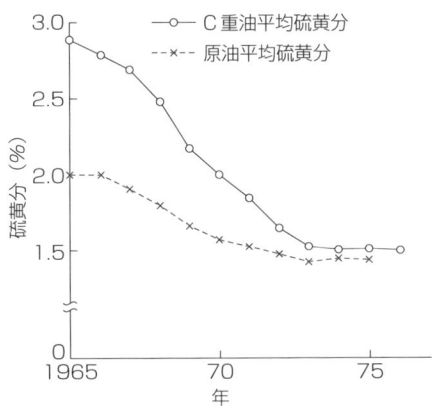

図 3-4　原油, 重油平均硫黄分の推移

うに大幅に削減された。

　重油中の硫黄を完全に除去することはコスト的にも難しいが, その後, 高硫黄燃料重油を燃焼した後, その排煙の中から二酸化硫黄を除去する"**排煙脱硫法**"は大いに有効とされ, 昭和40年代中頃には, 火力発電所などにこの装置

が設置され操業されるようになった。

　この排煙脱硫法にはいろいろな方法がある。代表的なものに石灰-石膏法（図3-5）がある。これは，煙道を石灰スラリーで洗浄吸収し二酸化硫黄を除去し，プロセス中に生成した亜硫酸石灰を空気酸化して石膏にし，回収するものである。石膏は，セメントに加えられたり建築材などの需要があり有効利用になる。

$$Ca(OH)_2 + SO_2 \longrightarrow CaSO_3 + H_2O$$
$$CaSO_3 + 1/2\,O_2 \longrightarrow CaSO_4\,（石膏）$$

このように，脱硫技術の進歩と脱硫装置の設置により，スモッグや酸性雨の

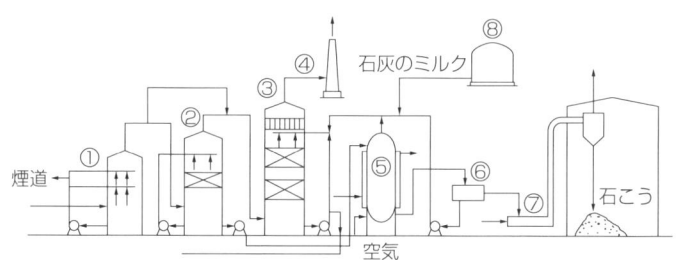

①ガス冷却器　②③吸収　④煙突　⑤酸化塔　⑥遠心分離器　⑦乾燥器　⑧サイロ

図3-5　石灰―石こう法

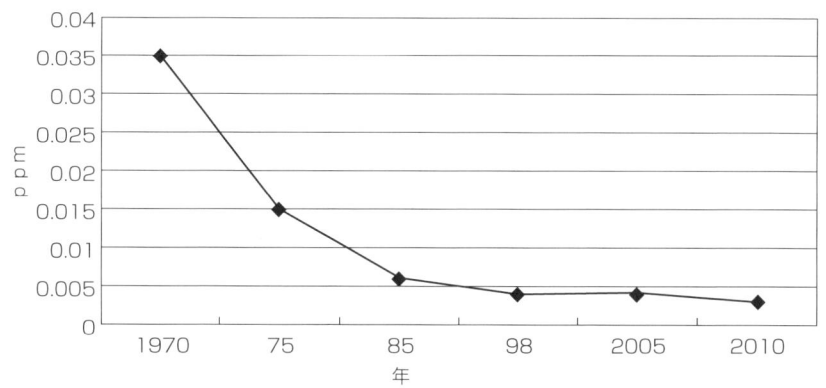

図3-6　わが国の二酸化硫黄濃度の平均値の推移（一般局）
資料：環境省水・大気環境局「平成22年度大気汚染状況について（報道発表資料）」

原因物質である大気中の二酸化硫黄濃度は，わが国においては，図 3-6 に示すように大幅に低下した。

3-3-2 窒素酸化物（NOx）

窒素酸化物は窒素と酸素との化合物で，**一酸化窒素（NO）**，**二酸化窒素（NO_2）**などを総称して**ノックス（NOx）**ともよばれている。一酸化窒素は，空気中で酸化されて二酸化窒素になり，光化学スモッグの原因物質となって，呼吸器を刺激するなど健康に害を与える物質である。また，硝酸イオンとして酸性雨の原因物質の一つともなっている。ノックスの人為的な発生源は，工場の排煙と自動車の排気ガスが二大発生源となっている。燃料としての石油や石炭中にも微量ではあるが窒素化合物が存在し，その燃焼によってもノックスは発生するが，より大きいのは，それらの燃焼時の高燃焼温度によって空気中の窒素と酸素が結びついて発生することである。図 3-7 に，二酸化窒素の年平均値の経年変化を示した。

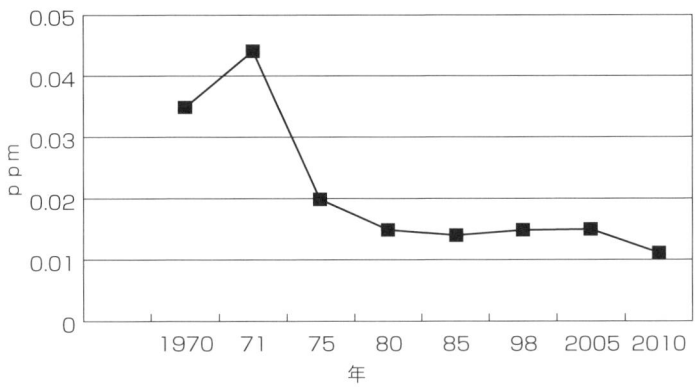

図 3-7　わが国の二酸化窒素濃度の年平均の推移（一般局）
資料：環境省水・大気環境局「平成 22 年度大気汚染状況について（報道発表資料）」

図からわかるように，1975 年以後その数値にほとんど改善が認められないといってよいが，工場などの固定発生源では燃焼温度の調節や排煙脱硝技術などにより，窒素酸化物の発生量が大きく低減されるようになっている。

したがって，自動車排ガスが NOx の主要発生源と考えられる。自動車排出

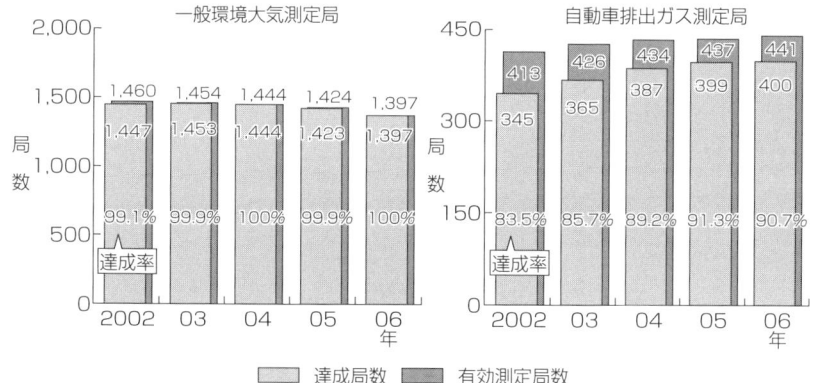

図 3-8　二酸化窒素の環境基準達成状況の推移（2002年～2006年）
資料：環境省「平成16年度大気汚染状況報告書」

ガス測定局における NOx 濃度が高いことがこれをものがたっており，とくに NOx 発生量の多いディーゼル車の排ガス対策を一層はかっていくことが重要となっている。

3-3-3　フロンガス

原始の大気から現在の大気組成に変化する過程で生みだされた酸素が，太陽光中の紫外線により分解され，反応性に富む原子状の酸素（O）を生み，分子状酸素（O_2）と結びついて**オゾン**（O_3）が形成された。地上約 25 km の成層圏で，オゾン濃度が極大となっている。

$$O_2 \xrightarrow{h\nu\ (\leq 240\,\text{nm})} O + O$$
$$O + O_2 \longrightarrow O_3\,（オゾン）$$

このオゾンは，太陽光中の紫外線を吸収する働きを有しており，有害な紫外線が地上に到達するのを防いでいる。我々生物が，海中から地上にはい上がって生活できるようになったのは，およそ 4 億年前以後のことで，ちょうど成層圏にオゾン層が形成されてからのことである。

しかし，今日我々の生活になくてはならない**オゾン層の破壊**が懸念されており，1974 年には塩素を含むフロンガスがその原因物質であることがアメリカ

表 3-3　代表的なハロカーボン類の特性と用途

名称	化学式	沸点°C	気化熱 kcal/mol	大気寿命[a], y	ODP[a]	GWP[a]	用途
CFC 11[b]	CCl_3F	23.8	43.5	50	1.0	1.0	冷媒・発泡剤
CFC 12[b]	CCl_2F_2	−29.8	39.9	102	1.0	2.1	噴霧剤
HCFC 22	$CHClF_2$	−40.8	55.9	13.3	0.05	0.43	冷媒
CFC 113[b]	CCl_2FCClF_2	47.6	35.0	85	0.8	1.25	洗浄剤
CFC 114[b]	$CClF_2CClF_2$	3.6	32.8	300	1.0	2.3	冷媒
CFC 115[b]	$CClF_2CF_3$	−38.0	30.1	1,700	0.6	2.3	冷媒
	CCl_4	76.7	7.2	42	1.1	0.35	溶剤
	CH_3CCl_3	74.0	7.7	5.4	0.15	0.03	洗浄剤
ハロン 1211	$CBrClF_2$	−3.9	29.5		3.0		消火剤
ハロン 1301	$CBrF_3$	−57.8	28.4	65	10.0	1.4	消火剤
ハロン 2402	CF_3CBr_2F	46.4	2.4	110	6.0	1.7	消火剤

a) これらの見積りは新たな科学的知見によって改定される。大気寿命およびGWPはIPCC (1994)による。気象庁編「地球温暖化監視レポート」
b) 特定フロン。

で発表された。フロンは化学的に安定な物質で，クーラーや冷蔵庫の冷媒，ウレタンフォームなどの発泡剤，スプレーの噴霧剤，精密機械部品の洗浄剤，消火剤などの広い用途をもっていた。

フロンは，"クロロフルオロカーボンズ"（chloro-fluorocarbons）の通称で，メタンやエタンの水素原子が塩素やフッ素で置換された構造をもっている。また，臭素が入ったフロンのことをハロンといっている。フロンは，化学的に安定であることから，大気中に放出されると分解されないまま成層圏に到達し，そこで太陽の強い紫外線によって分解される。分解生成物の塩素原子は，オゾンと反応し，結果としてオゾンを連鎖的に分解することになる。

CFC-11 を例にとると，次のような経路をとってオゾンを分解していく。

① $CCl_3F \xrightarrow{h\nu\ (\leq 220\ nm)} CCl_2F + Cl$
　　(CFC 11)

② $Cl + O_3 \longrightarrow O_2 + ClO$

③ $ClO + O \longrightarrow O_2 + Cl$

（②と③はくり返し継続的に反応し，生成した1個の塩素原子は何万個ものオゾンを分解する。）

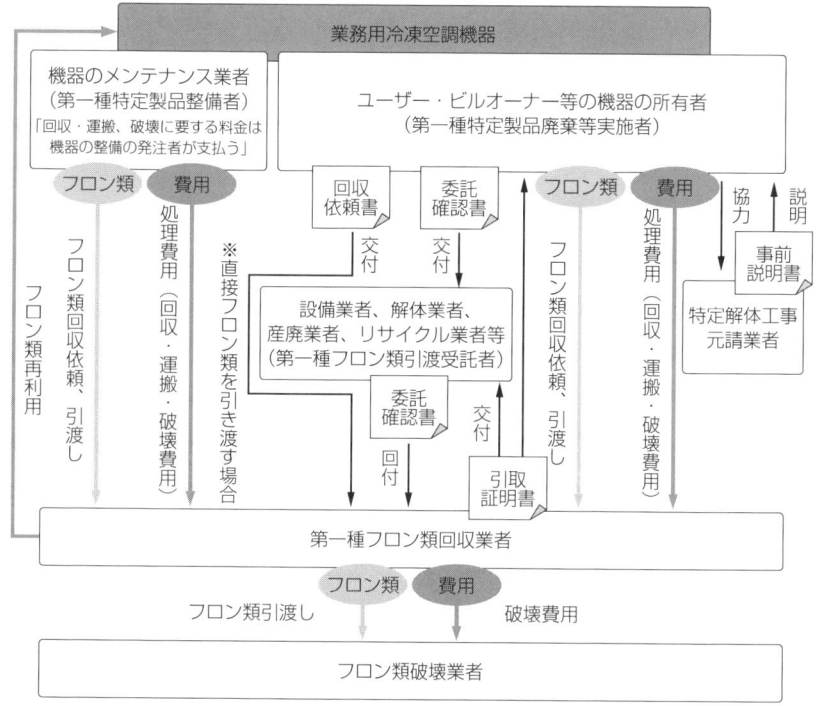

図3-9　改正フロン回収・破壊法の仕組み

オゾン層は1980年代に地球規模で減少の傾向がみられたが，1990年代に入りその量は，ほぼ横ばいか若干増加傾向をたどっている。しかし，南極域でのオゾンホールの縮小は認められていない。これは，フロン発生源が主に北半球であることもあり南半球への拡散に時間がかかるためと考えられる。一方，オゾン層破壊物質のCFC 12の北半球中緯度の大気中濃度は，1990年代後半から増加が停止している。

オゾン層が急激に減少した1980年代にオゾン層破壊に大きな懸念がいだかれ，1985年（昭和60年）にオゾン層の保護のためウィーン条約が，そして1987年（昭和62年）には**モントリオール議定書**が採択された。わが国も1988年（昭和63年）に，この条約および議定書を締結し，同時に"**オゾン層保護**

法"を制定した。その後，この法律にもとづき，2004年（平成16年）末までに，CFCの生産および消費が廃止された。

同時にオゾン層破壊物質として問題視されている**ハロン**（$CBrClF_2$，$CBrF_3$など臭素を含むもの），1,1,1―トリクロロエタン，四塩化炭素，HBFC，ブロモクロロメタン，臭化メチルもあわせて全廃された。

CFCをはじめとするオゾン層破壊物質は，すでに生産および消費とも全廃されているが，以前に生産消費されたものが相当量，電化製品などに残存しており，これらの回収や無害化なくして徹底的なオゾン層の保護には至らない。

わが国では**"家電リサイクル法"**にもとづき，家庭用ルームエアコンや冷蔵庫，冷凍庫が，業務用冷凍庫，空調機器については**"フロン回収破壊法"**にもとづき，冷媒としてこれらの機器に残存しているフロン類の回収をそれらの廃棄時に行うよう義務付けられ実行されている。

回収されたフロン類は，国の許可を受けたフロン類破壊業者によって破壊されるシステムになっている。2006年度に回収され破壊されたフロン類の量を，表3-4，表3-5に示した。

CFCなどオゾン層破壊力の大きな物質が全廃された後，それにかわる代替フロンの開発が進み，現在水素原子を含んだヒドロクロロフルオロカーボン（HCFC）や，塩素を含まないヒドロフルオロカーボン（HFC）などが使用されている。しかし，HCFCについても，塩素を含むことから，2030年をもって消費が全廃されるよう規制がかかっており，さらに有効な次の**代替フロン**の開発が必要である。

表3-4 家電リサイクル法対象製品からのフロン類の回収量・破壊量（2006年度）

	エアコン	冷蔵庫・冷凍庫	
	冷媒	冷媒	断熱材
回収した台数（千台）	1,835	2,709	
回収した量（t）	1,044	298	593*
破壊した量（t）	1,048	298	590*

※断熱材に含まれるフロン類を液化回収した回収重量，破壊重量
資料：環境省，経済産業省

表 3-5 業務用冷凍空調機器・カーエアコンからのフロン類の回収・破壊量等（2006年度）

		CFC	HCFC	HFC	合計
業務用冷凍空調機器	回収した台数（千台）	115	598	165	878
	回収した量(t)	348	1,987	206	2,541
	うち再利用された量(t)	63	325	34	422
カーエアコン	回収した台数（千台）	—		—	2,628
	回収した量(t)	258		546	803
	うち再利用された量(t)	10		12	22
	破壊した量(t)	590	1,821	772	3,183

※小数点未満を四捨五入のため，数値の和は必ずしも合計に一致しない。
※カーエアコンの回収台数は，CFC，HFC別に集計されていない。
※HCFCはカーエアコンの冷媒として用いられていない。
※破壊した量は，業務用冷凍空調機器及びカーエアコンから回収されたフロン類の合計の破壊量である。
資料：経済産業省，環境省

3-3-4 温室効果ガス

二酸化炭素（CO_2），メタン（CH_4），一酸化二窒素（N_2O），クロロフルオロカーボンズ（CFC），ハイドロクロロフルオロカーボン（HCFC），ハイドロフルオロカーボンズ（HFC），パーフルオロカーボンズ（PFC），6フッ化

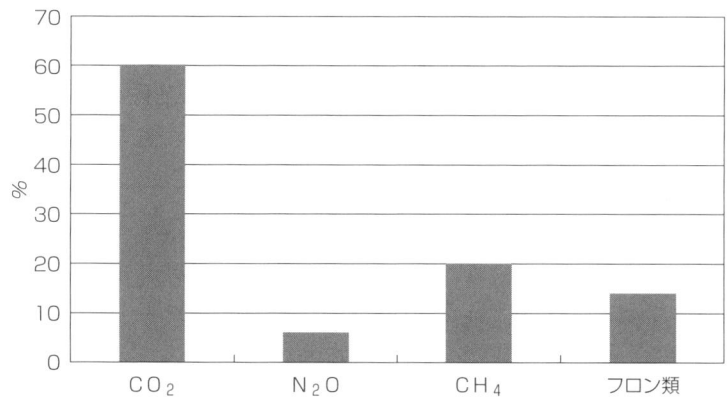

図 3-10 主な温室効果ガスの地球温暖化への影響度
資料：IPCC第三次評価報告書

硫黄（SF₆）などの温室効果ガスは，太陽光線を通過させ，その熱で地表を温める。一方，地表から宇宙へ放出する赤外線を吸収する働きをし，地表の気温をほどよく保っている。しかし，これらのガスの濃度が本来の濃度より増加すると，宇宙に放出する熱がくいとめられてしまい，大気中に熱がこもってしま

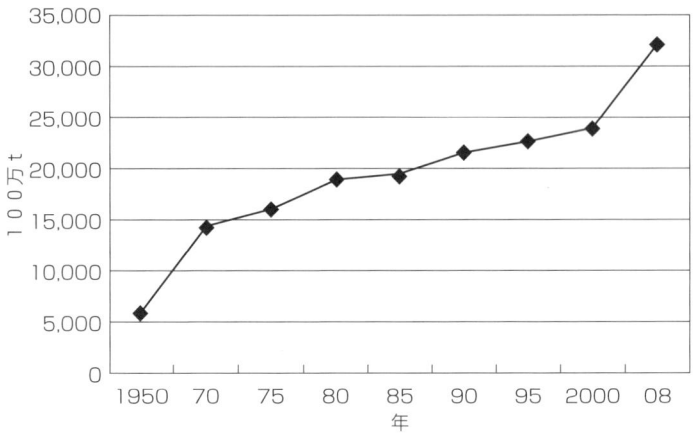

図 3-11　化石燃料起源の二酸化炭素排出量
資料：NOAA，米国オークリッジ国立研究所

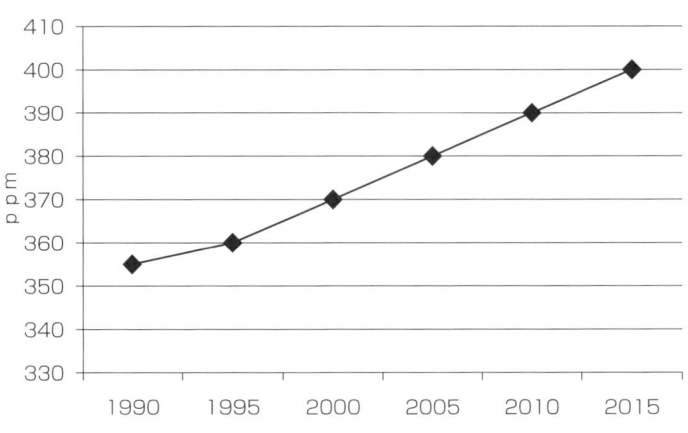

図 3-12　大気中の二酸化炭素濃度の推移
資料：NOAA，米国オークリッジ国立研究所，
観測点：ハワイ マウナロア

章-3　大気と大気汚染　27

国別排出量（2012年）

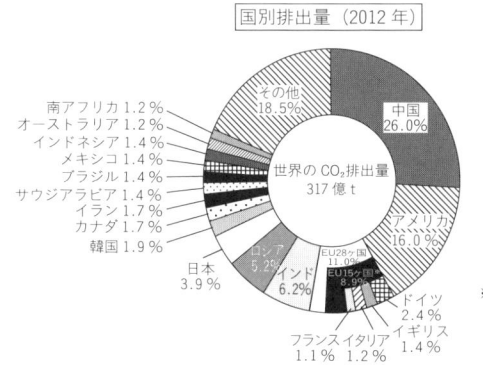

世界のCO₂排出量 317億t

- 中国 26.0%
- アメリカ 16.0%
- その他 18.5%
- 南アフリカ 1.2%
- オーストラリア 1.2%
- インドネシア 1.4%
- メキシコ 1.4%
- ブラジル 1.4%
- サウジアラビア 1.4%
- イラン 1.7%
- カナダ 1.7%
- 韓国 1.9%
- 日本 3.9%
- ロシア 5.2%
- インド 6.2%
- EU28ヶ国 11.0%
- EU15ヶ国 8.9%
- ドイツ 2.4%
- イギリス 1.4%
- イタリア 1.2%
- フランス 1.1%

※ EU 15ヶ国は、COP 3（京都会議）開催時点での加盟国数である。

国別一人当たり排出量（2012年）

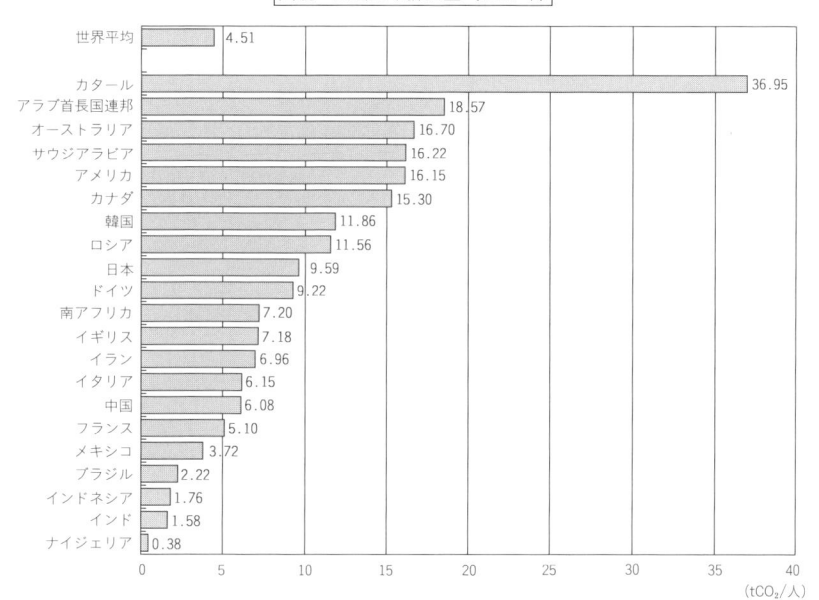

国	tCO₂/人
世界平均	4.51
カタール	36.95
アラブ首長国連邦	18.57
オーストラリア	16.70
サウジアラビア	16.22
アメリカ	16.15
カナダ	15.30
韓国	11.86
ロシア	11.56
日本	9.59
ドイツ	9.22
南アフリカ	7.20
イギリス	7.18
イラン	6.96
イタリア	6.15
中国	6.08
フランス	5.10
メキシコ	3.72
ブラジル	2.22
インドネシア	1.76
インド	1.58
ナイジェリア	0.38

図 3-13　二酸化炭素の国別排出量と国別一人当たり排出量
出典：IEA「CO2 EMISSIONS FROM FUEL COMBUSTION」2014 EDITION を元に環境省作成

うことになる。現在の**地球温暖化**に及ぼすもっとも大きな**温室効果ガス**は二酸化炭素で、温暖化の影響度の 60 % を占めている。

　二酸化炭素は、自然界からの発生も当然あるが、石油、石炭、天然ガスなど

の化石燃料の燃焼によりエネルギーを得るプロセスで大量に発生する。燃料の主体が石炭に転換された産業革命の頃から，大気中の濃度が増加し始め，とくに第二次世界大戦以後その増加傾向は急激になっている。二酸化炭素の 2012 年における国別排出量ならびに国民一人当たりの排出量を図 3-13 に示す。

日本は全世界の二酸化炭素排出量 317 億 t のうち 3.9 % を排出し，国民一人当りでは約 9.59 t/人も排出している。アメリカは 16.0 %，約 16.15 t/人と，国民一人当たりでは，日本の 1.7 倍もの二酸化炭素を排出している。

IPCC では，二酸化炭素をはじめとする温室効果ガスをこれまで同様に大気中に放出し続けるならば，2100 年までに，CO_2 濃度が 540 ppm ～ 970 ppm に上昇し，地球の平均気温は 1.5℃ ～ 5.8℃ も上昇してしまうと予測している。

北極地域のロシアのヤクーツクでは，この 100 年間で 2.5℃ の気温上昇が認められ，2005 年 NASA による観測では，夏期に北極海をおおう氷が 1978 年以来もっとも小さな面積になっていることが確認された。また，2012 年わが国の第一期水循環変動観測衛生"しずく"の観測によると 8 月 24 日の氷の面積が約 421 万平方キロメートルとさらに減少し，観測史上最小面積を 1 カ月も早く達してしまったことがわかった。

現在南極では大規模な氷柱が溶けて崩壊を始めており，アラスカでも広範囲にわたって氷が溶け始めている。北極の氷の消滅は 70 年後とされ，ホッキョクグマの生息域が失われるとの報告もある。またヒマラヤの氷河も数 km にわたって後退し，溶けた水によって**氷河湖**が形成されるようになった。ネパールだけでも 2,323 カ所にのぼる。この湖の水量が温暖化の進行によりますます増加し，自然に形成された堤が決壊し，下流の集落に洪水をもたらす状況になっている。また，海面水位も最大で 88 cm 位上昇するとシミュレーションされており，海抜の低い南洋のツバル諸島では，海面上昇による水没を懸念してすでに住民の移住もなされている。

また，世界各地で異常気象が報じられるようになった。2003 年には，北海道より緯度の高いパリで連日 40℃ を超える熱波で，12,000 人以上の熱中症による死亡者があり，逆に日本では記録的な冷夏となった。雨の降り方も変化し，集中豪雨や洪水の被害が毎年のように多発するようになった。1 日の降雨量が 200 mm を超す日数を比較すると，20 世紀初頭からの 30 年間と最近の 30 年

表 3-6　世界環境をめぐる国際会議

国連人間環境会議	スウェーデン・ストックホルム	環境問題に国連が初めて関与した会議	1972年
フィラハ会議	オーストリア・フィラハ	地球温暖化に関する会議	1985年
地球サミット	ブラジル・リオデジャネイロ	気候変動枠組条約採択	1992年
京都会議	日本・京都	温室効果ガスの削減目標を先進国に課した	1997年

間では 1.5 倍に増加している。

　2006年の7月には，九州をはじめとして山陰地方，北陸地方，長野県などで記録的な集中豪雨が起こり土砂災害などで多くの尊い人命がそこなわれた。このとき長野県松本市，佐久市で，4日間で7月の平年降雨量の2倍もの大雨が降った。

　2015年9月には，関東地方や東北地方に集中豪雨が発生し，特に栃木県では，一日降雨量が 500 mm を越す観測史上初の記録的豪雨に見舞われ，鬼怒川下流の茨城県では，堤防が決壊し大被害をもたらした。

　このような気候の変動は，地球の平均気温の上昇と海水温度の上昇に起因するものとされている。"**気候変動**"とは「人為的な原因で正常な大気の組成に変化を起し，その組成の変化によって発生する気候変化」と定義され，地球温暖化と同意味で用いられている。

　このような地球の温暖化をはじめとする環境破壊が人類の生存に脅威になるという懸念から，1972年以来国際的な取り組みがなされてきた。その地球環境に関する国際会議について表 3-6 に示した。

　地球温暖化に関するはじめての会議は，1985年オーストリアのフィラハで開催されたものであった。その後1972年に開かれた国連人間環境会議（**ストックホルム会議**）開催20周年を記念して，1992年にブラジルのリオデジャネイロで国連環境開発会議（**地球サミット**）が，「環境と開発に関する国連会議（UNCED）」として，国連加盟183の国，地域，機関と103カ国の首脳の参加のもとに開催された。

　この会議において，地球温暖化防止を目標とした「**気象変動枠組条約**」が採択された。1994には日本を含めた181カ国が加わってこの条約が発効した。1997年12月には，第3回同条約締約国会議（COP 3）が京都において開催され，先進国全体で 2008〜2012 年までに温室効果ガスの排出量を，1990年レベ

ルの少なくとも5％を削減するという，いわゆる"**京都議定書**"が採択され，日本は2002年6月にこれを批准した。この議定書の取り決めで計算すると各先進国の温室効果ガスの削減目標は，日本が－6％，EU－8％，アメリカ－7％，カナダ－6％，ロシア0％ということになる。しかし1990年以後における先進各国の温室効果ガスの排出量は確実に増加しており，わが国の場合CO_2換算ですでに7～8％も増加していると推測されている。すなわち国際的な義務を果たすには，都合トータルして13～14％の温室効果ガスの削減が必要となり大変きびしい数値となっている。

さて京都議定書の取り決めは，温室効果ガスを大量に排出する全ての国の同意が得られたものでなく実効が伴わず，各国の足並みのみだれも認められる中，地球温暖化は確実に進行し，世界各地に異常気象が頻発するようになった。また海面上昇に伴う海岸浸食などの被害も発生し，世界の国や地域の全てが同意できる気候変動枠組条約の成立を急がなくてはならない機運が高まってきた。

1997年の（COP 3）における京都議定書の採択以来18年を経て，2015年パリにおいて開かれた国連気候変動枠組条約の第21回同条約締約国会議（COP 21）が，同年12月に196カ国・地域の参加のもと，新たな地球温暖化対策の枠組みを示し，いわゆる"パリ協定"として採決された。この協定では，世界全体として気温上昇を産業革命以前からの2℃未満に抑え，さらに1.5℃未満に抑えることを努力目標とし，結果的に今世紀後半には温室効果ガスの排出量と吸収量を平衡に導くことを目途にしたものである。これらの目標達成のため各国は，温室効果ガスの排出量削減目標の作成・報告が義務化され，5年ごとに世界全体で削減対策の効果確認をし，その結果により国ごとの削減目標の更新を計る，すなわち見直しが可能な内容になっている。この点で先の京都議定書の取り決めに比べゆるやかな取り決めと言わざるをえないが，先進国のみならず後進国や途上国もそろって温暖化防止に向けた同意が得られたことに意義が認められ期待されるところである。

わが国における温室効果ガス排出源でもっとも大きいのは，エネルギーを得るための化石燃料の燃焼である。このプロセスにおける二酸化炭素発生量は，全温室効果ガス排出の何と90％を占めている。そこで生活の質を落とさずに温室効果ガスの発生をおさえるためにはなお一層の省エネルギー対策が必要と

なる。

　また地球規模での緑化の推進は，大きな二酸化炭素吸収効果を期待することができる。北半球における大気中の二酸化炭素濃度は，5月に入ると減少し始め，10月以降増加が始まることが明らかにされている。

3-3-5　アスベスト

　アスベストは，天然の蛇紋岩や角閃石から採取する繊維状のケイ酸塩鉱物である。スレート屋根材，自動車ブレーキ・クラッチの磨耗材，配管被覆材など多くの製品に用いられてきた。わが国における大気汚染防止法では，固定発生源から排出される粒子状物質について，煤塵と粉塵に分類されており，さらに粉塵は一般粉塵と特定粉塵に分けられ，アスベストはこの**特定粉塵**に分類されている。

　アスベストの一般構造は，多孔性円筒状の微細繊維が束になった形をとっている。そこでこのアスベストを粉砕したり，製品の製造過程で繊維が剥離したり，円筒がくずれたりすると，極細微粉末のアスベストが大気中に飛散し，人間の肺の中に取り込まれる。ほとんど体外に排出されることなく永年肺中にとどまって，ガンを発症させるなど健康障害を起こす危険がある。とくにアスベストを扱う職場の従業員やその工場の周辺に住む人々は，大気中のアスベスト濃度が他所より高い環境中におかれることから，それだけ多く体内に取り込む率が高くなるのである。アメリカでは，環境保護局が1986年にアスベストの使用禁止の方向を打ち出した。わが国においても，原則，製造・使用が禁止されているとともに，2006年2月の改正大気汚染防止法にもとづき，吹き付けアスベストやアスベストを含む断熱材，保温材，耐火被覆材を使用する建物の解体時のアスベストの排出や飛散防止の対策の徹底もはかられるようになった。

3-3-6　その他の汚染物質

（1）　エアロゾル

　大気中には種々の粒子状物質が存在し，エアロゾルとよばれている。これらの発生源としては，火山の爆発による火山灰，砂漠からの砂塵，海水の飛沫，森林火災など自然現象に起因するものと，燃料の燃焼に伴なう塵灰，すす，デ

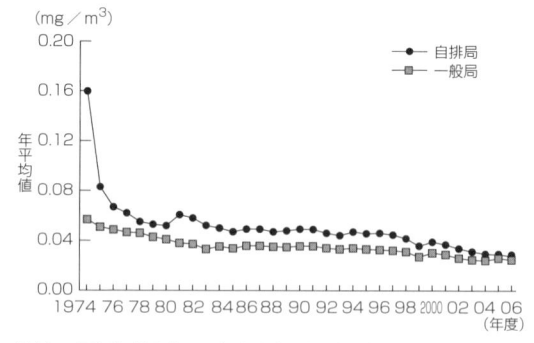

資料：環境省「平成18年度大気汚染状況報告書」

図3-14 浮遊粒子状物質濃度の年平均値の推移（1974年度～2006年度）

ィーゼル自動車からの排気粒子などの人為的なものとがある。

また，NOx（窒素酸化物），SOx（硫黄酸化物），**VOC**（揮発性有機化合物）などの気体が大気中での化学反応によってエアロゾルに変化する，いわゆる二次生成粒子もある。エアロゾルの粒径は，0.03～100 um と分布し，10 um 以下のものは，**浮遊粒子状物質**といわれ，長期間長距離移動も可能なため，汚染

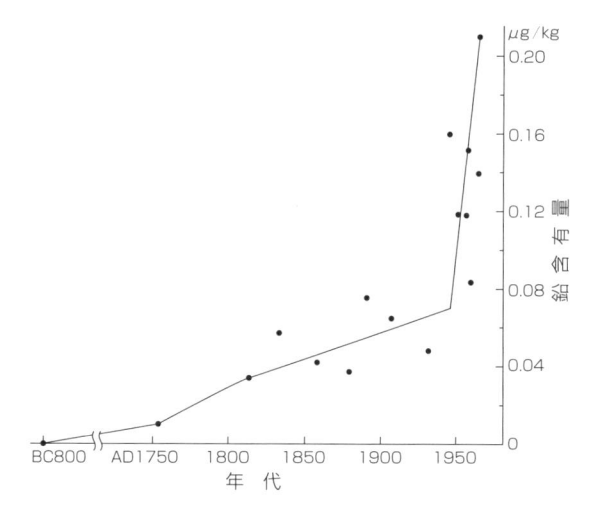

図3-15 グリーンランド（Century基地）における氷床中鉛量の増加 室住らによる

の拡散につながりやすい。また，エアロゾルは太陽光を吸収したり散乱したり，気候に影響を及ぼすとの懸念もなされている。

たとえば，火山の大噴火に起因するエアロゾルにより，数年間気候の寒冷化を起こしたとの報告もある。また，人為的な原因によるエアロゾルの一つとしてディーゼル車の排気中の黒煙があるが，発ガン性物質のベンツピレンが含まれ，我々の健康に大変有害なものである。

（2） 鉛

大気中にもっとも高濃度で見出される重金属として鉛（Pb）がある。この鉛の人為的発生源のもっとも大きなものは，いまだに発展途上国で使用されている，アンチノック剤として四エチル鉛（$Pb(C_2H_5)_4$）を添加した有鉛ガソリンの燃焼によるものである。

鉛は，少量でも体内に入ると脳障害の原因となり，貧血や不妊，頭痛などの障害も引き起こす危険な物質である。

近隣に鉛の特定汚染源がなく，主に大気を汚染源と考えられるグリーンランド（Century 基地）の氷床中の鉛量を調査した室住らのデータを見ると，18世紀以後，鉛濃度が急増していることがわかる。

以前，ピストンエンジンのプロペラ機が多く飛んでいた時代には，航空機ガソリンに大量の四エチル鉛が加えられており，その排気ガスによって相当汚染の拡散がなされたものと推測される。しかし，航空機はその後，ジェット機時代となり，鉛の多い航空機ガソリンの使用は大幅に減少した。

章-4　水と水質汚濁

4-1　はじめに

　地球は，その表面の70％が水でおおわれ，太陽系の惑星の中で唯一大量の水をもつ惑星で，"水の惑星""青い惑星"とよばれている。

　水は，我々人類および地球上の生物に必須の物質で，水なくしてその生命を保つことはできない。地球上の水の総量は，約13億9,000万 km³ともいわれ，いろいろな形で存在している。

　水は海水としての存在がもっとも多く，全水量の97.5％およそ13億5,000万 km³を占めている。そのほか，大気中の水蒸気，陸水とよばれる南北両極の氷河，河川水，湖沼水，土壌水，地下水などの総計で2.5％となっている。この2.5％のうち，両極の氷河がその約70％を占めていて，河川水，湖沼水，土壌水，地下水などは0.75％にすぎない。さらに，我々が日常的に利用できる水は河川水，湖沼水の一部，浅層部の地下水などで，総水量の0.04％ほど

表4-1　地球における水の分布量

	水量 ($\times 10^3 km^3$)	比率 (％)
海　水	1,349,929	97.5
雪　水	24,230	1.75
地下水	10,100	0.73
土壌水	25	0.0018
湖沼水	219	0.016
河川水	1.2	0.0001
水蒸気	13	0.001
総　計	1,384,517	100

とされている。

この我々の生活用水として利用可能な水は，海水をはじめとする水の蒸発による水蒸気からの雨水であって，極めて少量であることがわかる。また，降雨量も地球上どこでも平均的なものではなく，ほとんど雨量のない砂漠地帯もあり，不均衡な降雨環境下にある。

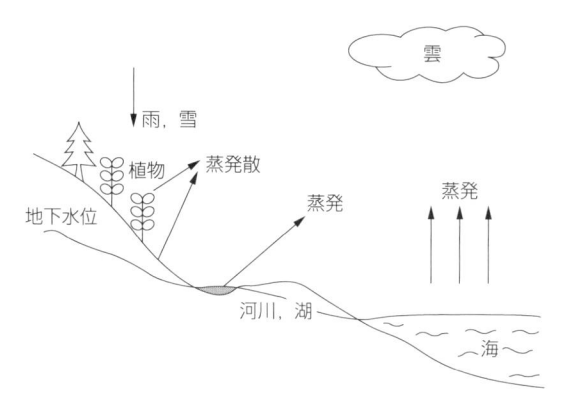

図 4-1　水の循環の概略

用水は3種類に大別されている。灌漑農業の**農業用水**がもっとも多く，世界全体で見ると，河川，湖沼ならびに汲み上げられた地下水の約70％がそれに当てられている。また製品1t当たり数百tもの水を必要とする**工業用水**が20％，**生活用水**が10％の割合で用いられている。

わが国の年間水使用量は，約900億tで，そのうち農業用水が66％，工業用水が15％，生活用水が18％となっている。工業用水は再利用技術の工夫などで年々減少傾向にあるが，生活用水は漸増傾向を示している。

わが国の稲作も**灌漑農業**であるが，世界の灌漑用地の約70％はガンジス川，インダス川，黄河，揚子江，メコン川などの長い流程をもつ大河の存在するアジアにある。中国における穀物生産量の約70％，インドでは約50％がこの灌漑用地で収穫したものである。世界的に見ると，食料の40％が灌漑用地で収穫されている。

今日，この灌漑用地は，20世紀半ばの3倍の約2億6,000万haにもおよんでいる。この結果，穀物収穫量は増加したが，**灌漑用水**の使用量が著しく増え，

河川の干上がり現象や，地下水位の低下をもたらすようになった。インドでは，地下に自然に補給される水量の2倍もの水を灌漑用井戸から汲み上げ，地下水位が毎年1～3mも低下しているといった現状である。また，水源から海に流れる河川水も拡大された灌漑農地に大量に用いられ，海に到達する以前に水量減少により干上がってしまう期間が増大したとの報告もある。

このような現象は，灌漑用水としての使用のみでなく，発展した工業のための用水や，人口増による生活用水の使用増加，水力発電用水としての使用なども原因している。

生活用水，工業用水，農業用水は，それぞれ利用後，**生活排水，工業排水，農業排水**となって河川や海洋に排出される。自然界においては，本来大量の水や水中生物によって水をもとの水質に浄化する能力や機能を有しているが，自浄能力を上まわるほどの汚染された排水が流入すると，水質は急速に悪化し人体に障害を起こしたり，工業の過程をそこなわせたりすることになる。

水は人類にとって，またそのほかの生物にとっても非常に大切であるが，今日，人類が経験したことのないような文明の進歩の裏で，水の不足や汚染が急速に進行している。

4-2 水質汚濁の発生源
4-2-1 自然界からの汚濁

水質汚濁というのは，水の性質が物理，化学，生物学的に公共用水として好ましくない方向へ変化することを意味するものである。**水質汚染**という用語は，広義には水質汚濁と同義としているが，有害な重金属イオンや微生物によって保健衛生上の障害を及ぼすほど水質が悪化した場合に用いられる。

自然界における水は，陸水であれ，雨水であれ完全に化学的に純粋な水というわけにはいかない。海洋や陸地から太陽エネルギーによって蒸発した水蒸気が，上空で冷却され液化した雨水は，空気中に浮遊する粉塵や二酸化炭素などが含まれる水溶液である。

海岸地方では，空中に吹き上げられた海水中の食塩の粒子が雨水に溶け塩素イオンを多く含んだ雨となる。また，河川や湖沼，地下水などの陸水もいろいろな鉱物成分を含んだ水である。

わが国の場合は降水量が多く，水源から海までの距離も短く，急峻の河川が多いため，降った雨水は数日のうちに海に流れ出てしまうので，周辺の土壌より鉱物成分を溶かし込むことが比較的少ない状況にある。そのためわが国の河川水は"**軟水**"が多い。他方，アジアやヨーロッパなどの大陸の河川は，図4-2のように，水源から海までの距離が1,000 kmを超すものもあり，それだけ川の中に水が滞留する時間が長くなり，岩石成分である炭酸カルシウム，硫酸カルシウム，鉄の塩類などを溶かしこんだものとなる。"**硬水**"とよばれるもので，石鹸の泡立ちがしない。直接飲料にすると下痢を引き起こすような水が多い。また，メコン川などは，水源が標高50～80 m位しかなく，その勾配で海まで流れ出てゆくので，流速も極めて遅く，滞留時間も長時間になることがわかる。

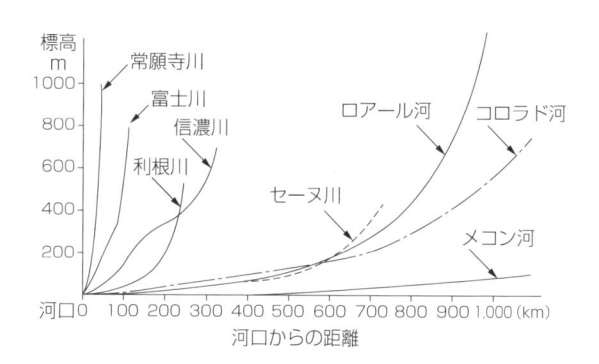

図4-2 世界と日本の河川の縦断勾配の比較（高橋）

これとは別に，銅などの鉱山地帯を流れる川の水には，それらの重金属が微量に溶けている場合もあり，温泉が湧き出しているところでも温泉が河川に流出している場合には，川の水は重金属を含むことになる。群馬県の吾妻川は，草津温泉の酸性の強い温泉が流入し，河川は酸性を呈し魚の生息ができず，発電所でも使用不可能になったほどであった。また，秋田県の田沢湖近くの玉川温泉は高い濃度の塩素を含んでおり，玉川流域の約5,000万 m^2 の稲作が長い年月不可能となり，不毛の地域にしていたという事実もある。これら水質汚濁の例は，いずれも自然界からの汚濁であり，自然現象を発生源とする水質汚濁である。

4-2-2 人為的原因による水質汚濁
（1） 重金属汚染

自然界からの重金属塩などによる水質の汚濁とは別に，人為的な水質汚濁としては，まず工業の発達があげられる。工業の発達は，大量の水を消費し，大量の排水を河川や海洋に排出し，水質汚濁をもたらした。また，排水による直接汚濁ばかりではなく，工業生産物が消費され，廃棄されることにより，二次的に水質汚濁をもたらす場合もある。

第二次世界大戦後，わが国は社会の復興と経済成長を目標に，生産を最優先させ環境破壊をかえりみる余裕がなかった。富山県神通川上流における亜鉛の採掘，精錬の際，鉱石中に存在するカドミウムが排水とともに神通川に流された。この水を農業用水として用いた水田の土壌にカドミウムが蓄積し，その水田で育てられたコメが吸収し，このコメを常に食べた人の身体に腎臓障害，歩行障害や骨軟化症などが起き，激痛を伴う健康被害を引き起こしたのである。1955年に"イタイイタイ病"と名づけられた。これは足尾銅山の排水が渡良瀬川に流出し，流域の水田を汚染した鉱毒事件と同様，鉱山排水による水質の汚濁である。

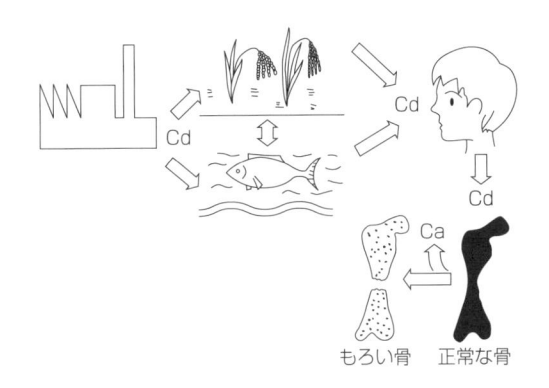

図 4-3　カドミウムの移動

また，熊本県水俣市において，住民に手足や口の痺れ，言語障害，知覚障害，食事ができないという重い症状を伴う原因不明の患者が発生した。1956年に"水俣病"が公式に確認された。この症状は，メチル水銀が関係する中毒によ

る脳神経障害で，1940年に報告されたハンター・ラッセル症候群と一致していた。

当時，水俣市のチッソ水俣工場で，アセチレンからプラスチックの可塑剤の原料であるアセトアルデヒドを製造しており，その生産量は国内トップを占めていた。このアセトアルデヒドの製造工程で触媒として用いられた硫酸水銀の一部が，アセトアルデヒド酢酸設備内で，メチル水銀を生成させ，排水に混じって海に流出したことが原因となった。

水中における水銀のアルキル化機構は，$Hg \longrightarrow Hg^{2+} \longrightarrow CH_3Hg^+$のような経路が考えられる。有機水銀化合物は，一般的に無機水銀化合物より毒性が強く，そのうちもっとも毒性の大きなものがメチル水銀である。

メチル水銀は，生物体内で容易に移動できず，生物的半減期は70日といわれている。チッソ水俣工場における製造工程で生成した少量のメチル水銀は，排水を経て水俣湾に流出し，その水を餌とともに飲み込む微生物が体内に取り込み，その微生物を餌とする魚介類の体内に濃縮され，さらに，その魚介類を大量に摂取した人間の脳に水銀が蓄積するという食物連鎖によって水銀中毒を発病させ，脳の中枢神経をおかしたものである。

同様の事例として，新潟県の阿賀野川流域において，長期間阿賀野川の魚介類を摂取した住民に水俣病と類似の症状をもった患者が発生し，1965年に公式に，新潟水俣病と確認された。熊本県水俣市で発生した水俣病に対し，第二水俣病ともよばれている。この原因は，阿賀野川上流で，やはりアセチレンからアセトアルデヒドを製造していた昭和電工鹿瀬工場からの，メチル水銀を含んだ排水の阿賀野川への流出にあり，30年もの間続けられていたのである。

水俣病は，工業排水に伴うあまりにも顕著な環境破壊であり，minamataデジーズと名づけられ，世界的に用いられるようになったほどである。その結果，アセトアルデヒドの製造は，水銀触媒を用いないエチレンからの製造に変えられている。また，塩化ビニールの製造工程も触媒として水銀を用いない方法へと転換され，**水銀系農薬**の製造使用も禁止されている。

さて，汚染された水俣湾の底質は，昭和52年から平成2年にかけ，チッソ，国，県により底質約150万m³の浚渫，埋め立てが行われ，関係水路についても浚渫などの処置がとられた。同様に昭和電工鹿瀬工場についても，その排水

口の周辺の水銀を含む底質が浚渫され処理された。以来，当地域の水質，底質，魚類の定期監視が継続的に実地されている。平成17年度では，水銀について水質環境基準値（参照環境基準値）を達成し，底質魚類についてもいずれも暫定基準値を上まわっておらず良好な海域環境と報告されている，阿賀野川流域でも同様に良好な河川環境と報告されている。

（2） 揮発性有機塩素化合物汚染

IC産業や金属機械工場での製品の脱脂洗浄用としてのトリクロロエチレン，ドライクリーニングの洗浄用としてのテトラクロロエチレンは，1981年，米国のハイテク工業地帯のシリコーンバレーにおけるタンクから，1.1.1.トリクロロエタンの漏出事故が起こったことから大きな問題となった。地下水が高濃度汚染され，同時期に流産や先天性異常をもった新生児の出産率が，米国のほかの地域と比較して多いことが認められた。

わが国でも，1982年，この汚染事故を受け，これら**揮発性有機塩素化合物**による地下水の汚染実態調査を東京，大阪など全国規模で実地した。その結果，数％の井戸で，上記二物質が地下水の水質汚濁に係わる環境基準を超えて汚染されていることが認められた。その後，度重なる水質汚濁防止法の改正により，地下水質の監視体制などの強化や，汚染源が確定された場合その汚染主が浄化措置を講じなくてはならなくなり，汚染に減少傾向が認められるようになった。

表 4-2　ロスパセーオス地区 1980～1981 年の出産結果

	流産	先天性奇形[a]	先天性変形[b]
数	41件	10件	3件
率	21.5%	6.9%	2.1%
対照地区	11.0%	2.2%	0.6%

[a] 先天性奇形 10件のうちわけ
鼻涙狭窄症，心室隔膜欠陥，耳の位置が低い・小下顎病，蹼足指，ヘソヘルニア，彎曲足，肺動脈・静脈異常，肛門閉塞・腎臓病，ダウン症，横隔膜ヘルニア，唇裂・口蓋裂

[b] 先天性奇形（物理的な力を受けての変形）3件のうちわけ
左奇形足，頸骨彎曲，右奇形足
（カリフォルニア州保健部，1985年公表）

表 4-3　2010 年度地下水質測定結果

項　目	概況調査 調査数(本)	概況調査 超過数(本)	概況調査 超過率(%)	定期モニタリング調査 調査数(本)	定期モニタリング調査 超過数(本)	環境基準
カドミウム	2,996	0	0	54	0	0.01 mg/L 以下
全シアン	2,774	0	0	73	0	検出されないこと
鉛	3,041	12	0.4	173	9	0.01 mg/L 以下
六価クロム	3,015	0	0	124	21	0.05 mg/L 以下
砒素	3,088	66	2.1	580	300	0.01 mg/L 以下
総水銀	2,999	0	0	119	24	0.005 mg/L 以下
アルキル水銀	500	0	0	38	0	検出されないこと
PCB	2,005	0	0	32	0	検出されないこと
ジクロロメタン	3,178	0	0	467	0	0.02 mg/L 以下
四塩化炭素	3,120	1	0	653	29	0.002 mg/L 以下
1,2-ジクロロエタン	3,025	0	0	597	4	0.004 mg/L 以下
1,1-ジクロロエチレン	3,078	0	0	1764	4	0.1 mg/L 以下
1,2-ジクロロエチレン	2,935	0	0	1833	160	0.04 mg/L 以下
1,1,1-トリクロロエタン	3,222	0	0	1355	0	1 mg/L 以下
1,1,2-トリクロロエタン	2,938	0	0	599	1	0.006 mg/L 以下
トリクロロエチレン	3,366	1	0	2123	215	0.03 mg/L 以下
テトラクロロエチレン	3,363	4	0.1	2083	473	0.01 mg/L 以下
1,3-ジクロロプロペン	2,773	0	0	270	0	0.02 mg/L 以下
チウラム	2,509	0	0	47	0	0.006 mg/L 以下
シマジン	2,563	0	0	47	0	0.003 mg/L 以下
チオベンカルプ	2,506	0	0	47	0	0.02 mg/L 以下
ベンゼン	3,106	0	0	353	3	0.01 mg/L 以下
セレン	2,818	0	0	58	0	0.01 mg/L 以下
硝酸性窒素及び亜硝酸性窒素	3,361	144	4.3	1723	813	10 mg/L 以下
ふっ素	3,088	20	0.6	380	156	0.8 mg/L 以下
ほう素	2,956	9	0.3	176	44	1 mg/L 以下
塩化ビニルモノマー	2,311	4	0.2	852	48	0.002 mg/L 以下
1,4-ジオキサン	2,456	0	0	116	0	0.05 mg/L 以下

出典：環境省水・大気環境局「平成 22 年度地下水質測定結果」

(3)　富栄養化

人間の日常生活に伴って排出される水が生活排水で，水質汚濁防止法によると，炊事，洗濯，入浴等人の生活に伴い公共用水域に排出される水と定義されている。一般し尿は，生活排水からはずし，そのほかの生活排水を生活雑排水とよんでいる。わが国において，大都市の生活排水は下水道が完備され，下水処理場において処理をされた後，河川や海洋に放流されているが，**下水道普及**

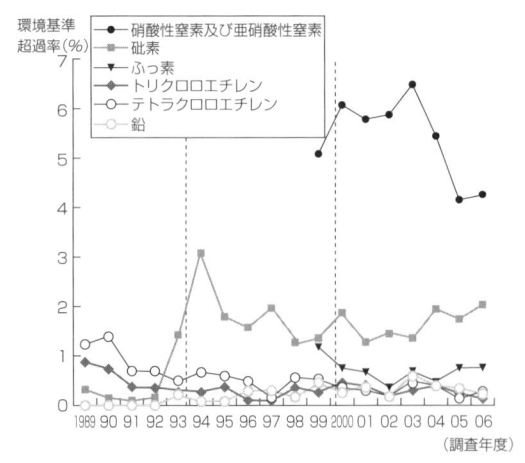

注1：概況調査における測定井戸は、年ごとに異なる。（同一の井戸で毎年測定を行っているわけではない。）
2：地下水の水質汚濁に係る環境基準は、平成9年に設定されたものであり、それ以前の基準は評価基準とされていた。また、平成5年に、砒素の評価基準は「0.05mg/l以下」から「0.01mg/l以下」に、鉛の評価基準は「0.1mg/l以下」から「0.01mg/l以下」に改定された。
3：硝酸性窒素及び亜硝酸性窒素、ふっ素、ほう素は、平成11年に環境基準に追加された。
4：このグラフは環境基準超過率が比較的高かった項目のみ対象としている。
出典：環境省「平成18年度公共用水域水質測定結果」

図 4-4　地下水の水質汚濁に係る環境基準の超過率（概況調査）の推移

率は，1993年で49％，2006年で69％と上昇しているものの，まだ完全ではない。このため未処理のまま公共用水域に放流される生活排水が，水質汚濁防止法の排水基準などで規制されている工業排水よりも水質汚濁の大きな原因であると考えられている。

さて，生活排水がかかわった水質汚濁としては，琵琶湖の湖水の**富栄養化**に伴う水質の悪化がある。これは1980年代前半まで，合成洗剤の助剤として加えられた**トリポリリン酸ナトリウム**を含む洗濯排水が，湖に大量に流入した結果，湖水に栄養の富化が起こり，藻類の増殖現象が起こり，枯れた藻類の分解

に**溶存酸素**が消費され，漁業に影響を与えたり，水にかび臭が発生したりして，大きな問題となった。その後，リン酸を含んだ洗剤はほとんどなくなり，いわゆる無リン洗剤が主流を占めるようになった。

しかし，栄養塩類である窒素やリン成分の水界への流入は，し尿排水や農業排水などいろいろな方面から続いている。毎年のように湖沼では植物プランクトンが異常増殖し，水面が緑色や褐色になる"**水の華**"とよばれる現象を生起させている。"水の華"の原因となる植物プランクトンは多種であり，藍藻類による"水の華"の場合は水面は緑色を呈し"アオコ"とよばれている。"水の華"の発生は，水利用の傷害ともなる。

また，東京湾，瀬戸内海などの内湾の海に富栄養化が起こると水面を赤色にするプランクトンが異常増殖するため"**赤潮**"とよばれる現象が発生する。大量に死んだプランクトンをエラにつまらせ窒息したり水域が酸欠状態となって魚が大量死するなど赤潮は経済的被害のみでなく，人間の健康にも被害を及ぼすのである。

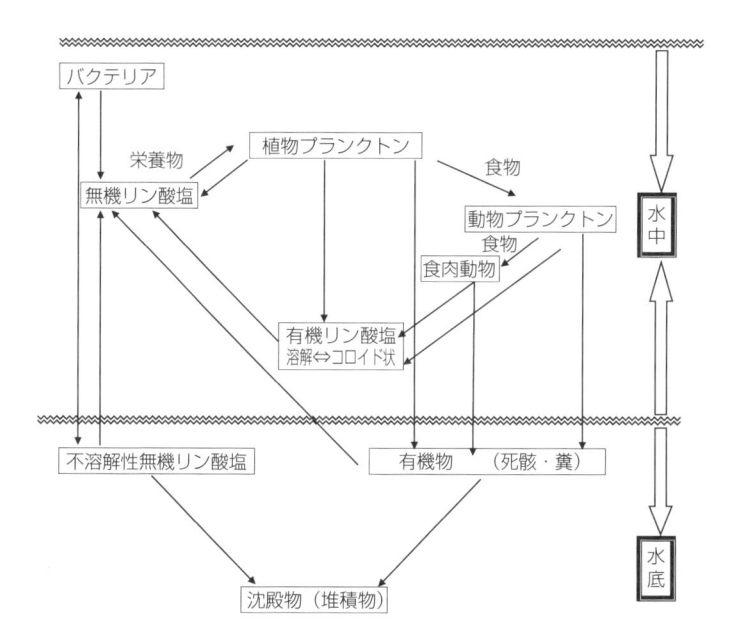

図4-5　水中でのリン酸塩サイクル

いずれにしても，近年における赤潮現象の常習的発生は，農業や家庭生活，養殖漁業などの人間の活動によってプランクトンの成長に必要なリンや窒素などの栄養塩類が，水系に過剰に流入することが原因で，種々の法的規制や，原因物質の発生場所が特定されている養殖場では，その底土の適正な除去などをとおして防止をしていかなくてはならない。

"青潮"による魚介類の被害も時々発生し，報道される。この青潮は，これまでの赤潮の発生過程とは全く異なったものである。赤潮のプランクトンが大量死し海底に堆積すると，海水中の溶存酸素でこれらの分解が進行していくが，この分解過程は，溶存酸素を多量に消費し，底層水と海面近くの海水の交換が少ないと，酸素欠乏状態の海水の層をつくり上げてしまう。偶然陸から海に向かう強風により，海面近くの表層の水が湾から外洋に向けて動き始めると，それにかわり酸欠の底層水がその流れにのって，海面に引き上げられてくる。このように酸欠の海水が海面をおおう現象を青潮とよんでいる。当然，青潮中の魚類は死んでしまい，漁業に大きな被害をもたらすものである。

（4） 海洋汚染

海洋は地球表面積の約2/3を占めている。我々に食料を供給し，海水の蒸発により生存に不可欠な淡水を与えてくれる。また，古くから海上交通として利用されている大切な存在である。しかし人類は，海が非常に広大であり，さらに身近な存在のため，人間の排泄物から合成化学品までさまざまな排出物を，生物の生みの母ともいえる海に安易に廃棄し続けてきた。

第二次世界大戦後，世界の産業発展により，石油の大量消費時代が到来した。これに伴い，タンカーの座礁や衝突，沈没，海底油田開発時の事故が頻繁に起こり，大量の油が海洋に流出し汚染した。1967年のトリーキャニオン号が座礁し，10万tもの原油がイギリス沖で流出し，英仏海峡一帯を広範囲に汚染した事故はあまりにも有名である。

日本近海でも，平成9年に島根県沖でロシアのタンカー「ナホトカ号」が沈没し，広範な日本海沿岸に大量の重油が漂着し，大きな被害を及ぼしたことは記憶に新しい。

石油による**海洋汚染**は，タンカーや船舶の事故ばかりでなく，輸送の通常的作業の中からも発生した。タンカーは石油を需要地や備蓄基地などで降ろした

後，空になった船槽に船の安定をはかるために**バラスト水**を入れて油田地帯に向かうが石油を積み込む折，運んできたバラスト水を未処理のまま海洋に廃棄したために起こったものである。

この通常作業での海洋汚染を防止するため，1976年**ロードオントップシステム**が義務付けられ，石油の流出は減少した。油と水を分離して海に流すシステムである。

そのほか，石油コンビナートなどから水にわずかに溶解した石油を含んだ排水が，港湾の海水を低濃度に汚染させ，広範囲に拡散している。また，生活排水中の油も汚染源となっている。今日，海洋へ流出される油の総量は，年間推定200〜300万tにも達している。しかしながら船舶からの石油流出量だけをみると（図4-6），1995〜1999間の年平均油流出量と1975〜1979間のそれとを比較すると1/8にも減少している。これは**マルポール条約**の付属書にもとづき船舶からの油類排出が規制されたことによるものと思われる。海中に流出した油は分散され，揮発性の石油は海面から蒸発し，後に残った重質油など分子量の大きな油は酸化して固まり，いわゆる"**油ボール**"となって海上を漂い世界各地の海岸に漂着して，いろいろな被害を起こしている。世界中の海水で油滴が認められない海がないといわれるほど，油による海洋汚染が起きている。

また，1960年代より，航海速度を遅くする船底へのフジツボなどの貝の付

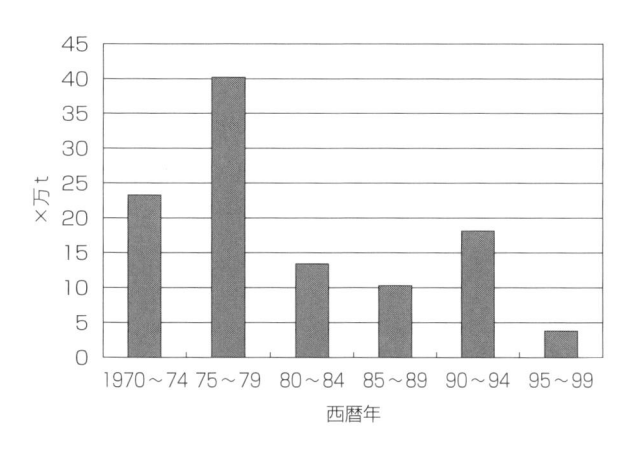

図 4-6　船舶からの年平均石油流出量
資料：国際タンカー船主汚染防止連盟（ITOPE）から作成

着を防止するため，トリブチルスズやトリフェニルスズなどの**有機スズ化合物**を含む塗料を塗布した。同時に養殖魚網にも，藻の付着防止のために用いられていた。フランスのカキの養殖場で生育不良や異常カキが認められ，原因がこの毒性の強い有機スズとされ，フランスでは1982年に，日本では1991年に使用禁止となった。

（5） 水中における有機物の処理

農薬やPCBなどの化学物質は別として，腐敗性の有機物が流れ込むと，本来自然の条件下では水中に生存するバクテリアなどの生物化学的分解作用により，有機物はCO_2やH_2Oのような無機物に分解される。自然界における有機物の分解は，一般的に次に示すような分解行程である。溶存酸素の十分な存在下で行われる好気性バクテリアによる**好気性分解**と，溶存酸素のないいわゆる嫌気的な条件下を好む嫌気性バクテリアによる**嫌気性分解**の二つの行程を経て進行する。

○好気性分解　　$C_6H_{12}O_6 + 6\,O_2 \xrightarrow{バクテリア} 6\,CO_2 + 6\,H_2O$

○嫌気性分解　　$4(NH_2CH_2COOH) + H_2O \xrightarrow{バクテリア}$
　　　　　　　　$3\,CH_4 + CO + 4\,CO_2 + 4\,NH_3$

水中に有機物が流入すると，好気性分解が行われ，水中の溶存酸素が消費される。その腐敗性有機物の流入量が増大すると溶存酸素量は減少し，嫌気性分解が行われる条件となり，分解生成物としてアンモニアのような悪臭ガスを発生させ，環境悪化をもたらす。

これらの有機物流入量増大による環境悪化を防止するためには，好気性バクテリアを多く含む活性汚泥を用い，空気を吹き込んで水中の有機物を分解させる必要がある。この方法は今日，一般的に生活排水や下水処理場における有機物の分解処理法として利用されているものである。

　下水　→　浮遊物質除去　→　有機物分解除去　→　残存浮遊物質除去
　→　消毒　→　放流

下水処理場における下水処理工程

最終的に河川や海洋に放流される処理水は，排水基準に適合した水質を保っ

図 4-7　BOD，COD の環境基準達成率の推移
出典：環境・循環型社会白書（平成 20 年版）

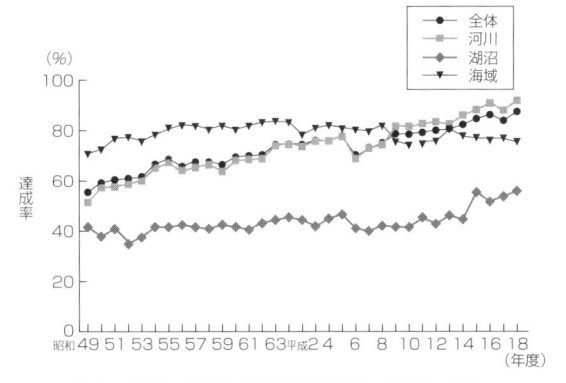

注 1：河川は BOD，湖沼及び海域は COD である。
　 2：達成率 (%) = $\left(\dfrac{\text{達成水域数}}{\text{類型指定水域数}}\right) \times 100$
環境省「平成 18 年度公共用水域水質測定結果」

ていなくてはならず，この下水処理は，水質汚濁防止に大きく寄与している。しかし，わが国における下水道普及率は 2006 年で 69％と未だ完全ではない。我々の日常生活に伴って排出される生活排水中に有機物が多く含まれ，それが未処理のまま河川などに排出される場合も多く，一人ひとりが生活の中で，BOD（生物化学的酸素要求量）や COD（化学的酸素要求量）を高めないよう努力することが水質への有機物汚濁負荷を軽減させる大きな要因となる。

（6）　温排水による熱汚染

　水質汚染の一種として，火力発電所，原子力発電所，工場などからの温排水による熱汚染がある。火力発電にしても原子力発電にしても，石炭や石油の燃焼やウランの原子核の分裂により高熱を発生させ，その熱を利用して水を水蒸気に変え水蒸気の圧力によってタービンを回し発電するというシステムである。タービンを回した水蒸気は，復水器で海水や河川水を冷却水として凝縮させるようになっている。

　この冷却水の取水口と水蒸気を冷却した後の排水口との間の温度差はおよそ 5 ℃程度となっている。海水を冷却水として用いる場合には比較的環境への影響は少なくてすむが，河川や湖に温排水を放出するところでは，水温の上昇が

直接的で，生態系に影響を及ぼし魚類に変化をきたしたり，暖系の藻の発生などが懸念された。

そこで一般的に，排水は長期間プールで冷却したり，空冷式の冷却塔を用いて冷却した後，公共用水域に放出するなどの処置がとられるようになった。

この温排水の有効利用も考えられている。家庭やオフィスの暖房や温水利用，また魚介類の養殖にも利用は可能であり，温排水処理の経済的バランスを考えるうえでも有効であろう。

4-3 水質汚濁に係わる環境基準及び排水基準

公害問題の多発を機に，昭和42年「**公害対策基本法**」が制定された。昭和45年には，水質に関するものとして「**水質汚濁防止法**」が，またこれに基づき，望ましい水質の目標を定めた「**水質汚濁に係わる環境基準**」が昭和46年に定められた。

「水質汚濁に係わる環境基準」は，"人の健康保護に関する環境基準"と"生活環境の保全に関する環境基準"の二つに分けて定められている。"人の健康保護に関する環境基準"で定められた物質を項目とよんでいるが，基準が定められた昭和46年当時に比べ，公共用水域の汚染が懸念される化学物質が増え，平成5年に基準項目を大幅に追加改訂し26項目が制定された。

"生活環境基準"は，水域を河川，湖沼，海域に分け，さらに各々を水道用水などの利用目的に対応させ，水域の類型によって，PH，BOD（COD），SS（浮遊物質量），DO（溶存酸素量），大腸菌群数などの指標によって基準値を定めている。

別に，平成5年に，湖沼，海域に関し富栄養化を防止するため，窒素とリンにつき環境基準値が設定された。一方，工業排水中の汚濁成分として，重金属類が汚染の主であったが，それ以外に金属化合物，有機化合物，酸，アルカリ類なども汚染成分としてあげられている。これらの汚染成分の発生源は工場での生産工程にあり，工場排水ということになる。そこで，昭和46年には，工場や事業所からの公共用水域への排水を対象として，これら水域の水質汚濁防止のため，「**排水基準**」が定められた。その後改訂され，現在，健康に係わる有害物質の項目と生活環境項目とが設定されており，有害物質関係では，カド

表 4-5 水質汚濁に係る環境基準

健康項目

項　目	基　準　値	項　目	基　準　値
カドミウム	0.01 mg/L 以下	1,1,1-トリクロロエタン	1.0 mg/L 以下
全シアン	検出されないこと	1,1,2-トリクロロエタン	0.006 mg/L 以下
鉛	0.01 mg/L 以下	トリクロロエチレン	0.03 mg/L 以下
六価クロム	0.05 mg/L 以下	テトラクロロエチレン	0.01 mg/L 以下
砒素	0.01 mg/L 以下	1,3-ジクロロプロペン	0.002 mg/L 以下
総水銀	0.0005 mg/L 以下	チウラム	0.006 mg/L 以下
アルキル水銀	検出されないこと	シマジン	0.003 mg/L 以下
PCB	検出されないこと	チオベンカルブ	0.02 mg/L 以下
ジクロロメタン	0.02 mg/L 以下	ベンゼン	0.01 mg/L 以下
四塩化炭素	0.002 mg/L 以下	セレン	0.01 mg/L 以下
1,2-ジクロロエタン	0.004 mg/L 以下	硝酸性窒素及び亜硝酸性窒素	10 mg/L 以下
1,1-ジクロロエチレン	0.02 mg/L 以下	ふっ素	0.8 mg/L 以下
シス-1,2-ジクロロエチレン	0.04 mg/L 以下	ほう素	1.0 mg/L 以下
1,4-ジオキサン	0.05 mg/L 以下		

生活環境基準

河川 類型	利用目的の適応性	基　準　値				
		水素イオン濃度(PH)	生物化学的酸素要求量(BOD)	浮遊物質量(SS)	溶存酸素量(DO)	大腸菌群数(MPN/100mL)
AA	水道1級 自然環境保全及びA以下の欄に掲げるもの	6.5以上 8.5以下	1 mg/L 以下	25 mg/L 以下	7.5 mg/L 以上	50 以下
A	水道2級，水産1級 水浴及びB以下の欄に掲げるもの	6.5以上 8.5以下	2 mg/L 以下	25 mg/L 以下	7.5 mg/L 以上	1,000 以下
B	水道3級，水産2級及びC以下の欄に掲げるもの	6.5以上 8.5以下	3 mg/L 以下	25 mg/L 以下	5 mg/L 以上	5,000 mL 以下
C	水産3級，工業用水1級及びD以下の欄に掲げるもの	6.5以上 8.5以下	5 mg/L 以下	50 mg/L 以下	5 mg/L 以上	―
D	工業用水2級 農業用水及びEの欄に掲げるもの	6.0以上 8.5以下	8 mg/L 以下	100 mg/L 以下	2 mg/L 以上	
E	工業用水3級 環境保全	6.0以上 8.5以下	10 mg/L 以下	ごみ等の浮遊が認められないこと	2 mg/L 以上	―

注：基準値は，日間平均値とする（湖沼，海域もこれに準ずる）。
注：農業用利水点については，水素イオン濃度6.0以上，溶存酸素量5 mg/L以上とする（湖沼もこれに準ずる）。

湖沼類型	利用目的の適応性	基準値				
		水素イオン濃度（PH）	化学的酸素要求量（COD）	浮遊物質量（SS）	溶存酸素量（DO）	大腸菌群数 MPN/100 mL
AA	水道1級，水産1級 自然環境保全及びA以下の欄に掲げるもの	6.5以上 8.5以下	1 mg/L 以下	1 mg/L 以下	7.5 mg/L 以上	50以下
A	水道2, 3級，水産2級 水浴及びB以下の欄に掲げるもの	6.5以上 8.5以下	3 mg/L 以下	5 mg/L 以下	7.5 mg/L 以上	1,000以下
B	水産3級，工業用水1級及びCの欄に掲げるもの	6.5以上 8.5以下	5 mg/L 以下	15 mg/L 以下	5 mg/L 以上	—
C	工業用水2級 環境保全	6.0以上 8.5以下	8 mg/L 以下	ごみ等の浮遊が認められないこと	2 mg/L 以上	—

注：貯水容量1,000万立方メートル以上および水の滞留時間が4日以上の人工湖を含む
注：水産1級〜水産3級については，当分の間，浮遊物質量の基準値は適用しない

海域類型	利用目的の適応性	基準値				
		水素イオン濃度（PH）	化学的酸素要求量（COD）	溶存酸素量（DO）	大腸菌群数 MPN/100 mL	N-ヘキサン抽出物質（油分等）
A	水産1級，水浴，自然環境保全及びB以下の欄に掲げるもの	7.8以上 8.3以下	2 mg/L 以下	7.5 mg/L 以上	1,000以下	検出されないこと
B	水産2級，工業用水及びCの欄に掲げるもの	7.8以上 8.3以下	3 mg/L 以下	5 mg/L 以上	—	検出されないこと
C	環境保全	7.0以上 8.3以下	8 mg/L 以下	2 mg/L 以上	—	—

注：水産1級のうち，生食用原料カキの養殖の利水点については，大腸菌群数70 MPN/100 mL以下とする。

ミウムや鉛など26項目が設定されている。平成16年度における基準値達成率は排水処理技術の進歩もあって99.3％を示すほどになっている。

　排水基準は，都道府県など地方自治体が独自に，国が定めた排水基準よりきびしい基準値を設定することが可能で，それに違反した排水を放出した工場や事業所に対し，知事は権限により公共用水域への放流停止や，排水の水質を厳守するよう命令を下したり処罰することもできる大変きびしいものである。この国で定めた排水基準を**"一律排水基準"**とよんでいる。また，基準値はおおむね下水道受け入れ基準値をとっているが，生活環境項目におけるBOD，COD，SS，リン，窒素はそれに当てはまらない。

章-5　土壌と土壌汚染

5-1　はじめに
　地球生誕期にマグマの冷却によって凝固してできた岩石が，何億年という長い年月をかけ，雨や風の作用，温度変化などにより割れ目を生み，そこに微生物がすみつき，地衣類や蘚苔類が芽生え，それら下等植物の根が有機酸を分泌し，枯れた植物がフミン酸などの酸を生成して岩石を溶解させるなど物理的，化学的，生物的な複合的な作用の結果細粒化され，原始的な土壌が生まれた。
　この土壌に植物やバクテリアのみでなく小動物も生息し，それらの活動によって土壌は撹拌され，またこれら動植物の遺骸の分解は腐植の作用をさらに進行させ，地表のもっとも表層に人類が住み生活するために必要な良好な土壌の層がつくられたのである。この良好な土壌が生み出されると，そこに草や樹木が繁り，森林を形成し，多くの動物などの豊かなすみかとなったが，人類はこの森林を切り倒し焼いて，作物を育てるために必要な肥料成分の窒素，リン，カリウムが自然に供給された耕作地をつくり，文明を進歩させてきた。

5-2　土壌の機能
　土壌は，植物の生育に必要な水分を保持し，生育に必要な三大栄養元素である窒素，リン，カリウムのほか，カルシウム，マグネシウム，硫黄，鉄，マンガン，亜鉛，銅，モリブデン，ホウ素などの無機元素を貯え，植物の根や土壌生物によって行なわれる酸素を吸収して二酸化炭素を放出する営みのための通気の機能も有している。また，土壌はいろいろな粒径をもった粒子が集合したもので孔隙をもっており，この孔隙は水や空気の通路になっている。

表 5-1 植物必須元素一覧

元素	主な生理作用	欠乏徴候	過剰徴候
十元素			
酸　素（O）	呼吸作用上不可欠。デンプン，脂肪，タンパク質などの主要構成成分。		
水　素（H）	水としてあらゆる生理作用に関与。酸素と同様に主要構成成分。		
炭　素（C）	空気中の二酸化炭素を同化（光合成作用）。酸素と同様に主要構成成分。		
窒　素（N）	タンパク質，葉緑素などの構成元素。生育促進。養分吸収，同化作用活発化。	全体的に緑色が減じ，淡黄になる。種実の収量減少。品質低下。	葉は暗緑色となり，多汁柔軟。抵抗性減少。種実の成熟遅延。
リ　　ン（P）	植物の生長，分けつ，根の伸長，開花，結実に不可欠。	葉幅狭少。葉の色調変化。着花数減少。開花結実遅延。	一般に過剰症は出にくい。成熟しすぎて低収になることがある。
カリウム（K）	開花，結実の促進。光合成。タンパク質合成に関係。抵抗性増大。	葉の中心部が暗緑色，次いで葉緑部が黄化，枯死，葉にしわ，ねじれが発生。	過剰性は出にくい。
カルシウム（Ca）	根の生育促進，植物細胞膜の生成，強化に関与。	成長組織の発育不全で，芽の先端枯死。子実の充実不充分で成熟阻害。	過剰症は出にくい
マグネシウム（Mg）	葉緑素の構成元素，多くの酵素の活性化。	葉緑素の形成阻害。葉脈間黄化。	土壌中の Mg/Ca 比が高いと生育阻害。
硫　黄（S）	タンパク質，アミノ酸，ビタミンなどの構成元素。各種生理作用の調整。	古い葉に黄化現象。	過剰症はない。近年煙害として二酸化硫黄が問題化。
鉄（Fe）	葉緑素の生成に関与。鉄酵素として生理作用に関与。	葉緑素の生成阻害。葉は黄化・白化。	多量の鉄分の投与はリン酸の固定が増大し，肥効低下。

　水中の汚染物は，この孔隙を通過するうちにろ過，吸着され，また，そこに生息する土壌生物によって分解され浄化される。さらに土壌は雨水を保持し，少しずつ流出させ，洪水の発生を防止する働きもしている。このような機能をもつ土壌は，人類の生存に不可欠な植物を育み，我々に食糧を与えてくれる大切な存在である。しかし，土壌は人類のさまざまな活動によって汚染，破壊され，今後の世界人口の増加や食糧の安定供給を考えると非常に懸念されるところである。

5-3　土壌汚染の現況と汚染源
5-3-1　土壌汚染物質

　土壌の汚染は，土壌自体が直接的に汚染物質によって汚染される場合と，大気や水をとおしてそれらの汚染物質により二次的に汚染される径路が考えられる。

　土壌の汚染物質としては，有機物，無機塩類，重金属類，農薬などが考えられる。これらの汚染物質のうち，有機物は土壌中の微生物によって分解され，無機塩類は水に溶け，流れ出して土壌にとどまることは少ない。土壌中に長期間残留して土壌を汚染するものは，主に重金属類ということになる。農耕地において重金属汚染が原因となって人体に障害を及ぼした物質は，カドミウムが典型的な例で，前述の神通川流域での'イタイイタイ病'があげられる。そのほか，銅や水銀，ヒ素なども農耕地を汚染し，農作物の生育の阻害や人体に悪影響及ぼす重金属類とされている。

　殺虫剤，殺菌剤，除草剤などの農薬は，散布すると直接的に土壌を汚染することになる。これらの薬剤は土壌中で分解されづらく，長期間残留し害を及ぼすものが多い。土壌汚染物質としての重金属類や農薬類は，いろいろな過程を経て人体に入り込み人の健康に害を及ぼすことになる。人体に侵入する経路をまとめてみると次の3経路が考えられる。

（1）　野菜や果物の表面に付着した少量の農薬が十分に洗浄除去されないまま体内に摂取される。
（2）　農作物自体の中に微量成分として取り込まれているものを摂取する。
（3）　流れ出た重金属類や有機塩素系化合物が微量な水溶成分として河川や湖に流れ込み，水 → 微生物 → 小型魚 → 大型魚 → 人へ，また，汚染された土壌からの穀類や草 → 牛肉・牛乳 → 人という形で入り込む。

　特に(3)の経路は，**食物連鎖**を経由して生物体内で次第に**生物濃縮**して蓄積していく経路で複雑で時間のかかる形である。

5-3-2　農薬による汚染

　伝染病を媒介とする昆虫や農作物に害を与える害虫駆除のために殺虫剤として大量に用いられたDDT（dichloro diphenyl）は，化学的に安定であり，土

壌中でバクテリアなどの作用も受けず分解速度も遅いため，散布後，何年間も土壌や水系などの環境中に残留することが知られている。水に不溶で脂溶性物質であることから動物の脂肪組織に蓄積され，神経系統の細胞に影響を及ぼし運動麻痺や痙攣，呼吸困難，異常感覚，近年の内分泌撹乱などをもたらす物質である。土壌 → 植物 → 家畜 → 人体というような生物間の食物連鎖の過程で生物体内で濃度を増していくという生物濃縮がなされることが解明されている。

また，土壌を経由して水系に流入したDDTは，動物プランクトン → 小型魚類 → 大型魚類 → 人間の順に移行したり，この食物連鎖の途中で鳥類に移行することもある。アメリカのオジロワシがDDTに汚染された餌を食べ続けたことが原因で卵殻へのカルシウムの沈着がしづらくなり，壊れやすくなって

DDT

BHC

表 5-2　水生生物の食物連鎖による DDT の濃縮

(ニューヨーク州，ロング・アイランド)

試料	DDT 濃度 (ppm)*	濃縮倍数
水 (推定値)	0.00005	1
動物プランクトン	0.040	800
小エビ	0.16	3,400
ヤナギハヤ	0.23	4,600
シープヘッド (魚)	0.94	18,800
カマス (肉食魚)	1.33	26,600
ダツ (肉食魚)	2.07	41,400
サギの一種 (小動物食)	3.57	71,400
アジサシ (小動物食)	3.91	78,200
セグロカモメ (腐肉食)	6.00	120,000
アイサガモ (魚食)	22.8	456,000
ウ (魚食)	26.4	528,000
カモメの一種	75.7	1,510,000

＊ DDT の生物全体に対する濃度 (ウッドウェル)

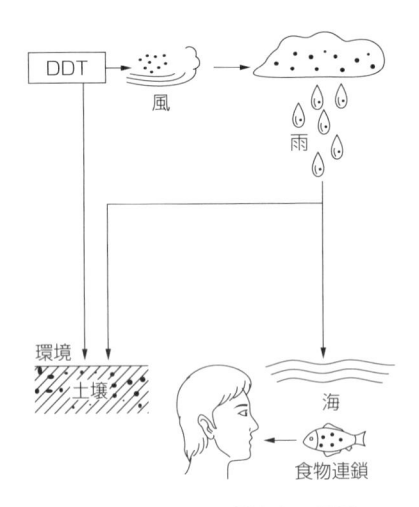

図 5-1　DDT の環境中の移動

繁殖能力を低下させ結果絶滅に瀕する危機に落ち入ったため，世界的に製造，使用が禁止となった。わが国では 1971 年にすべての作物への使用が禁止となった。DDT 同様 BHC も殺虫剤として使用禁止になっている。DDT，BHC は，いずれも有機塩素化合物である。

　農薬ではないが，有機塩素系化合物である PCB（poly choloro Bephenyl）は，化学的に不活性で酸，アルカリ，水と反応せず燃えにくいため過去において電気絶縁体，熱媒体，ノンカーボン紙などに多用された。わが国においては 1968 年に PCB が原因でカネミ油症事件が起きた。米糠油を抽出，精製する過程で熱媒体に使用していた PCB が誤って腐食穴から米糠油中へ混入し，市場に出回り，それを摂取した人々の体内の脂肪組織に蓄積し長期間残留した結果，皮膚の炎症や肝臓障害などを引き起こしたものである。

　パラチオンは，**有機リン系農薬**で稲の害虫であるニカメイチュウに特効性があり，広く大量に使用された。有機リン化合物が体内に入るとコリンエステラーゼの活性を失わせ，その結果，アセチルコリンが体内に蓄積継続的で異常な痙攣，震え，麻痺を起こし死に到らしめるものである。この有機リン化合物は体内における分解速度が速いため，毒性は強いが食物連鎖によって体内に蓄積されることはほとんどない。

有機水銀系農薬の酢酸フェニル水銀は稲のイモチ病に効果があり，わが国では，年間1,500 t もの量が水田に散布されていた。1968年には水銀特有の中毒の恐れがあるとして使用禁止となった。米を主食とする日本人の頭髪中の水銀量は外国人の数倍にもなっている。

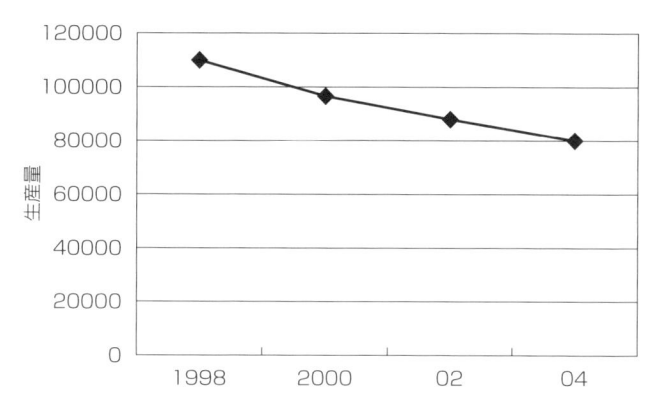

図 5-2　わが国の主要農薬生産量の推移
出典：環境統計集（平成19年度版）
　　　粉剤，粒剤，水和剤についての単位は（t），乳剤，液剤は（kl）をそのまま合算して生産量とした。
　　　農薬は，殺虫剤，殺菌剤，殺虫殺菌剤，除草剤を種類とした。

5-3-3　肥料による汚染

　緑肥，堆肥，家畜や人の糞尿など，有機物を含んだ肥料は，窒素，リン，カリウムなどの成分を耕作地に供給すると同時に，土壌の固結を防止して良好な土壌をつくりあげるのに適している。しかし19世紀半ば，ドイツのリービッヒによる'農耕によって消費された土壌中のすべての栄養素を再びもとの土壌にもどすことができる'とする発表による化学肥料の出現は，食糧の増産を可能にした。

　緑肥に使われるマメ科，イネ科などの植物は**根粒バクテリア**との共生により空気中の窒素を固定する。しかし，植物の生育に不可欠な窒素は，その大部分が大気中に存在し，それを利用しないことには土壌中の窒素の絶対量は不足してしまう。1908年ドイツのフリッツ・ハーバーとボッシュは，化学的に安定な空気中の窒素と水中の水素を結合させて，窒素の化合物であるアンモニアを

合成することに成功した。

$$N_2 + H_2 \longrightarrow 2NH_3$$
$$500℃$$
$$200\ atm$$

　このアンモニアを原料として硫酸と反応させ，硫酸アンモニウムを製造した。これが硫安といわれる肥料で，今日容易に製造されるものとなり，大量に使用されている。人類は長い間，窒素成分の不足に悩まされてきたが，アンモニアの合成により懸案の食糧増産に成功し爆発的に人口増を生みだしたといえる。**窒素肥料**としては硫安のほか，塩化アンモニウムや硝酸アンモニウムの形で用いられることもある。

　一方，**リン肥料**はリン鉱石すなわちリン酸カルシウムを濃硫酸で処理して可溶性リン酸カルシウムとして，またカリウムはカリウムを含む鉱物からのものを用いている。

　使用された肥料中の窒素の50％は農作物によって取り込まれるが，硫安の過剰使用は，土壌に硫酸根を残留蓄積させ，**酸性土壌**を形成し，作物の生育を阻害することになる。そこで，酸性土壌を中和させるために石灰をまき地味の衰えを防止する処理がなされているが，この処理は土壌を固結させ，繰り返し行われると，土壌の構造変化をもたらし，農耕地として不適当な土地をつくり

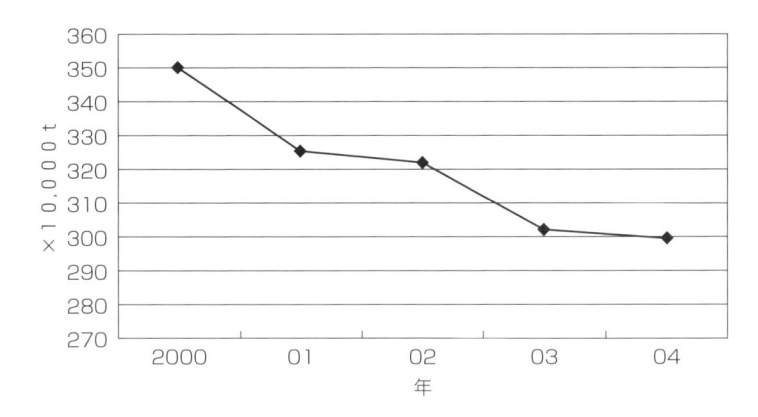

図 5-3　わが国の化学肥料生産量の推移
　　資料：農林水産省統計部「平成18年度版ポケット農林水産統計」

上げてしまうことになる。

　また，大量に施肥された化学肥料は農業排水として河川や湖沼へ放流されると，それらの水域が富栄養化を起こし，藻や**シアノバクテリア**などの大量発生をもたらす。そして，それらの分解に大量の溶存酸素を消費するため，水中の酸素が欠乏して魚類の大量窒息死につながり，水域を悪臭とヘドロの集結場へと変えてしまう。また，窒素を硝酸塩の形で溶かした水を幼児の飲料水として用いた場合，酸素を血液中のヘモグロビンが運搬できなくなる**メトヘモグロビン血症**という障害を発症させるなど，化学肥料の過度な使用は環境に大きな影響を及ぼすことになるのである。

5-4　土壌の劣化と流失

　過剰な化学肥料を長年にわたり施肥し続けた農耕地で顕著に認められる現象として農作物の生育の阻害がある。土壌に浸透した雨水や灌漑用水が太陽の熱などにより地表から蒸発していくが，土壌中の水は毛管現象によって地表へと移動していく過程でナトリウム・マグネシウムの塩化物や硫酸塩などを溶解し，水は地表より蒸発するが，溶け込んでいた塩類は蒸発せず，土壌表層付近に残留蓄積していく。このように表層土壌に水溶性塩類が集積すると一般的な植物は生育できなくなり，やがて不毛の土地に変わってしまう。このような土壌表層の塩類土壌化は，今日無視できない大きな問題となっている。

　また，20世紀の急激な人口増加に伴い，食糧増産を計る必要から耕地面積を増やすため世界各地で耕地を急峻な傾斜地まで広げていった。灌漑地面積も1900年当時の約6倍にも増加した結果，穀物生産量は1998年には約19億tにも達した。もちろん，この生産量の増大は耕地面積の増加によるものばかりではない。事実，穀物作付面積は，1950年から1981年にかけて25％増加し，7億3,200万haにもなった。しかし，その後，減少し2006年には6億5,600万haになっている。

　世界の一人当たりの**穀物作付面積**も図5-4に示したように，1950年の0.23haから1998年には0.12haまで減少し，さらに今後の50年間で0.07haまで減少していくものと推測される。一人当たりの穀物作付面積が減少したにもかかわらず生産量が伸びたのは，化学肥料や多毛作などにより土地の生産性が

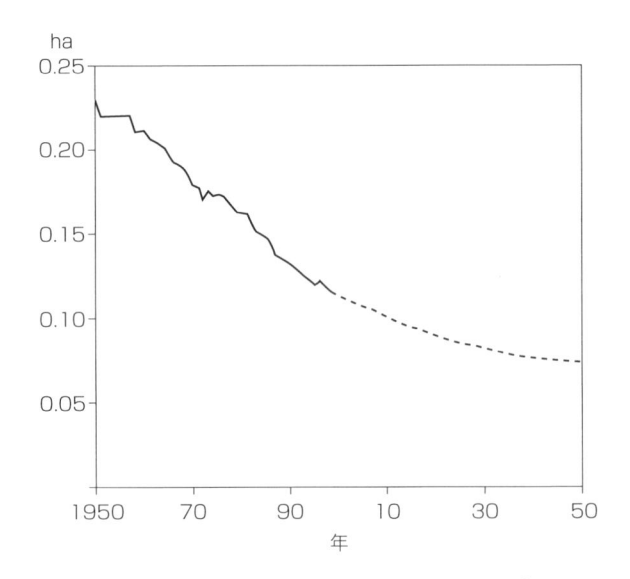

**図 5-4　1 人当たりの穀物作付面積，1950〜1998 年および
　　　　2050 年までの予測**
レスター・R. ブラウン編著，浜中裕徳監訳，「地球白書1999〜2000」，
ダイヤモンド社（1999）

大きく改良されたためである。
　この一人当たりの穀物作付面積が減少した原因は，人口増，大豆などの穀物以外の作付面積の増大，農耕地の非農業用途への転換や土壌の劣化，土地の流出などが考えられる。農耕地の表面土壌は雨により少しずつ洗い流されており，急峻な傾斜地の耕作地ではその流出量は相当なものとなり，アメリカでは17億t，中国では43億t，インドでは47億tもの土壌が農耕地より毎年河川や海に流出していると推測されている。それとは別に**土壌の喪失**には，焼畑農業，放牧地の開墾のための森林伐採，木材や燃料のための森林の伐採などが原因となっている。森林伐採によって森林の下の表層土壌は直接太陽の日射を受け，水分を多く蒸発させて乾燥化し，風と雨水により土壌浸食が起こる。
　また塩類やアルカリ成分の集積も進み，植物の生育速度も大きく阻害され，土地のもつ生物生産力が著しく低下した地域を生み出すことになる。乾燥地ではこれらの減少が一層急速に進行し，植生を失った不毛の地が出現する。いわゆる砂漠化である。今日地球上の陸地面積のおよそ30％が砂漠化を懸念され

る地域となっている。

　土壌浸食は，太古より自然現象として起きていた。ナイル川の下流域に発展した古代エジプト文明は，ナイル川の毎年の洪水が上流からの浸食による沃土の移動の運搬手段となって堆積し，その生産力の高い土壌で農耕をし，都市に集まった多くの人々の食糧をまかなってきた。この沃土の堆積は毎年のようにくり返され，作物の収穫が有効にできていたのである。

　このように高地の山林の土壌の侵食は肥沃な土壌を少しずつ低地に送り込む自然の現象でもある。しかし，今日，緑のダムともいわれる森林の破壊がダムの機能を失わせ，土壌浸食の速度を急速に増大させ，低地を除くほとんどの農耕地は，自然侵食以外に人為的な侵食の影響を受けている。土壌浸食が進行し全く耕作が不可能となった農地は地球上で 250 Mha にも達している。

　農耕地の土壌保全には，土壌浸食を防止することがもっとも大切なことで，植物と土壌の共生を十分配慮しなくてはならない。また急峻な傾斜地での農耕をやめ，植生を保護していくことも大きな対策の一つである。

5-5　農業以外の産業による土壌の汚染

　鉱工業による土壌の汚染も大きな問題である。鉱山や工場周辺の土壌もその排水によって汚染される過程を考えなくてはならない。かつて岩手県の硫黄鉱山から流される硫酸を含んだ鉱山廃水が河川（赤川）に流れ込み，その水を灌漑用水として用いた渋民村一帯の稲作が大きな被害をうけた。

　また，栃木県の足尾銅山からの廃水による渡瀬川の鉱毒が周辺地域の農地を汚染し，作物を枯らした。富山県では，鉱山廃水中にカドミウムを含んだ水を灌漑用水としたことから農地が汚染され，稲が実らなかったなど，大きな被害をもたらした。このようにわが国においては，鉱山を発生源とする大規模な土壌汚染の事例がいくつもある。1970 年に水質汚濁防止法に基づき農地における土壌汚染防止等に関する法律が制定され，水田土壌中のカドミウム，銅，ヒ素が特定有害物質に指定された。銅，ヒ素は土壌中の濃度で指定され，それぞれ，0.1 N 塩酸可溶性銅 125 ppm 未満，1 N 塩酸可溶性ヒ素 15 ppm 未満を，またカドミウムは玄米中濃度 1 ppm 未満を基準値に定められた。基準値を超える水田については，排土，客土，水源転換などの汚染防止対策が実施される

表 5-3　土壌汚染に係わる環境基準

項目	基準値	項目	基準値
カドミウム	0.01 mg/l 以下	1,1,1—トリクロロエタン	1.0 mg/l 以下
全シアン	検出されないこと	1,1,2—トリクロロエタン	0.006 mg/l 以下
鉛	0.01 mg/l 以下	トリクロロエチレン	0.03 mg/l 以下
六価クロム	0.05 mg/l 以下	テトラクロロエチレン	0.01 mg/l 以下
砒素	0.01 mg/l 以下	1,3—ジクロロプロペン	0.002 mg/l 以下
総水銀	0.0005 mg/l 以下	チウラム	0.006 mg/l 以下
アルキル水銀	検出されないこと	シマジン	0.003 mg/l 以下
PCB	検出されないこと	チオベンカルブ	0.02 mg/l 以下
ジクロロメタン	0.02 mg/l 以下	ベンゼン	0.01 mg/l 以下
四塩化炭素	0.002 mg/l 以下	セレン	0.01 mg/l 以下
1,2—ジクロロエタン	0.004 mg/l 以下	有機リン	検出されないこと
1,1—ジクロロエチレン	0.02 mg/l 以下	ふっ素	0.8 mg/l 以下
シス—1,2—ジクロロエチレン	0.04 mg/l 以下	ほう素	1.0 mg/l 以下

その他土壌汚染に係る環境基準

項目	基準値
カドミウム	農用地においては，米 1 kg 中に 1 mg 未満
砒素	田において土壌 1 kg 中に 15 mg 未満
銅	田において土壌 1 kg 中に 125 mg 未満
ダイオキシン類	1,000 pg-TEQ/g 以下

ようになった。ここで客土というのは，汚染された土壌を汚染されていない土壌と置換する方法である。

　平成 16 年度末現在，基準値以上，検出された地域と面積は 134 地域 7.327 ha となり，そのうち 6.357 ha については公害防除特別土地改良事業などによって対策事業が完了しており，その進捗率は 86.8％に達している。また，水田以外の農地における土壌汚染や工場跡地など市街地の土壌汚染も深刻な状況で，とくに最近では，ハイテク産業の半導体工場からのトリクロロエチレンやテトラクロロエチレンによる土壌汚染事例件数も増加している。そこで平成 3 年 8 月公害対策基本法に基づく「**土壌の汚染に係わる環境基準**」が定められ，カドミウム，銅，ヒ素を含め総水銀，アルキル水銀，PCB をはじめとするハロゲン化炭化水素，ベンゼン，農薬等 29 項目について基準値が設定された。さらに平成 11 年 12 月 27 日ダイオキシン類として基準値 1.000 pg-TEQ/g 以下が環境庁告示第 68 号により定められた。

章-6　エネルギーと環境破壊

6-1　エネルギー源の変遷

　人類が火を知りこのエネルギーを生活に利用する手段を発見したことは，人類の文明史上重要な変換点であった。

　太古には暖房や煮炊などに枯草や木材が使用され，主な燃料とされてきた。この火をエネルギー源として使用し始めたことは，食糧の種類や量を増やすことになり，人口を増加させることになった。文明は発展し，木材の需要がますます増大していった。このように，中世の頃までは燃料の主体は，木材によってほぼ占められていた。ルネッサンス以後，工業の発達に伴い，燃料の使用量が大きく増大し，それをまかなうだけの木材の供給が困難となり，古くから燃える石として細々と利用されていた石炭を大々的に利用し，木材の代替エネルギーとした。ヨーロッパにおける産業革命の時代である。

　今日のエネルギー源の主体をなす石油の発見も大変古く，石油の一部であるアスファルトなどは，紀元前2500〜3000年のバビロニア，アッシリアなどの遺跡の中に利用されていた痕跡が認められている。わが国においても，西暦667年，越の国（新潟県）で，燃える水，燃える土が発見され，時の天智天皇に献上されたとする記録が残っている。このように，発見の歴史が非常に古い石油であるが，引火性の高いガソリン分が含まれていることにより取り扱いがむずかしく危険であった。そのため実用に供されたのは，19世紀に入りノーベル兄弟によって開発された蒸留装置を用い，原油からガソリン分と重油とを分け取った灯油がランプ用に用いられてからのことである。その後，石油はガソリンとして自動車用燃料に，また重油は，船舶や工業用の燃料として大量に

(石油換算100万t)

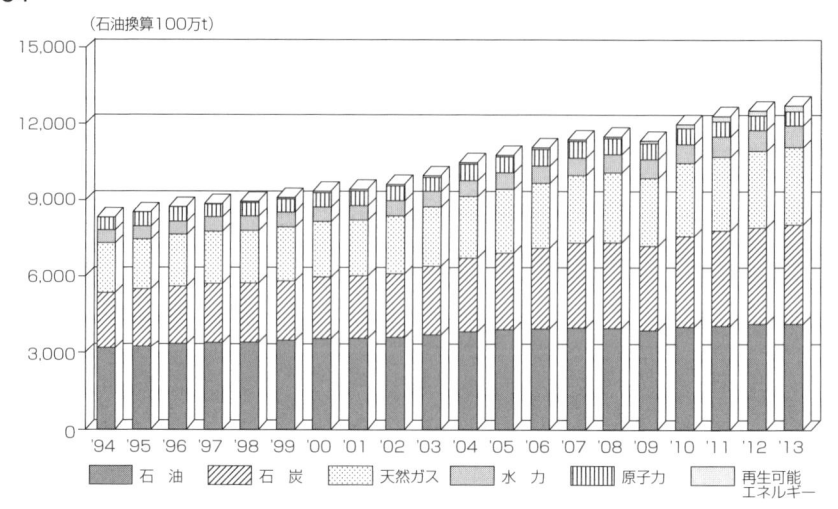

図 6-1 世界のエネルギー消費量の推移（全世界）
出典：BP Statistical Review of World Energy (2014)

使用されるようになり，今日に至っている。

このように我々は産業革命以後，石炭や石油といったいわゆる化石燃料をエネルギー資源の主役として大量に消費し，快適な生活を営んできた。

現在，世界で消費されるエネルギー量は，石油換算で1年間に120億tと発表されている。そのうち95億tを石油，石炭，天然ガスから得ており，そのほかに原子力や水力，再生可能エネルギーから得ている。このうち石炭は19世紀中から20世紀中頃にかけそのエネルギー源の主位の座を占めていたが，1950年代から1960年にかけて，石油が主位の座にとってかわり，全エネルギー消費割合で50％を占めるに至った。しかしながら，この石油も2005年には36％へと低下し，そのかわりに天然ガスがおよそ20％へと消費割合を伸ばしている。

石炭・石油などの**化石燃料**は，太古に地球上に生存していた動植物が地下に埋没し，熱や圧力が加わり，長い年月をかけて出来上がったものとされている。石炭は膨大な量の植物が枯死して堆積し，何億年から何千万年の時代を経てその鉱床が形成された。石油は植物や水中の微生物の遺骸が陸地や海底に堆積し，それらの有機物が分解し炭化水素となって主に砂岩，石灰岩，頁岩などの堆積岩の地域に蓄積され，石油鉱床を形成したものとされている。このように，化

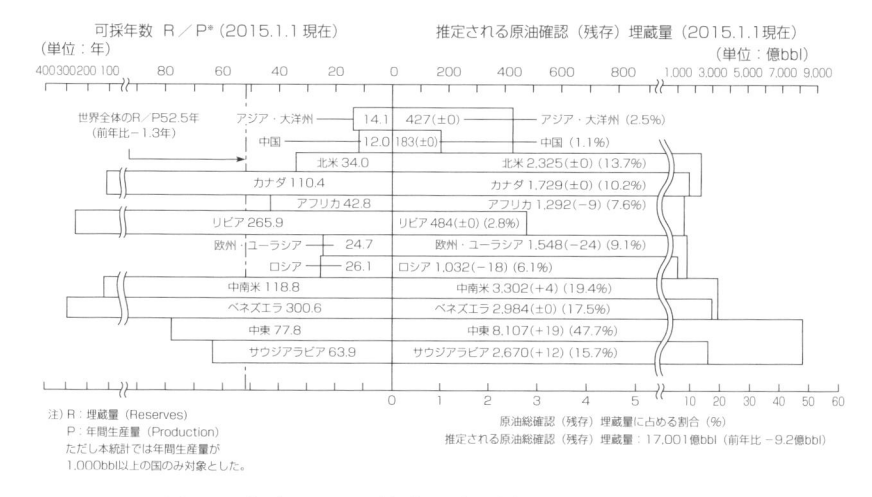

図 6-2 推定される原油確認(残存)埋蔵量と可採年数
出典:Oil&Gas J., (2015)

石燃料は成因から地球上どこにでも存在しているわけではなく,地理的条件が合致したところに偏在する。

石油の場合はサウジアラビアをはじめとする中東にその 60％が存在し,そのほか,北米やベネズエラなどの中南米,ナイジェリアなどのアフリカ,旧ソ連,東欧,インドネシアなどアジア太平洋など限られた地域に存在している。近年消費を伸ばしている天然ガスは,ロシア,中東が主要存在地域になっている。また石炭については旧ソ連,アメリカ,中国で世界の埋蔵量のおよそ 50％を占めている。

化石燃料の中で,石油はもっとも消費されている資源で,この石油資源の地域的偏在は,地域的,世界的にさまざまな問題を生み出す原因にもなっている。

6-2 化石燃料資源の現状
6-2-1 石　　油

石油は燃料としての利用のみでなく,有機化合物を製造する原料としても貴重な資源である。化石燃料資源のなかでもっとも需要の多い石油は,1970 年代にはその便利さや豊富で安価であったことから,燃料や化学合成原料として大量に消費された。その結果,これまでに述べたように,二酸化硫黄や窒素酸

化物，二酸化炭素など大気汚染物を大量に放出させ，環境に大きな悪影響を及ぼした。他方，石油の採掘，精製工程，また輸送の過程におけるタンカーからのバラスト水の排出や，タンカー事故による油の流出など海洋への油汚染を引き起こし大きな問題となった。

　我々は，これまで豊かな生活を維持するために大量のエネルギーを消費してきた。そしてそのエネルギー源の大部分を化石燃料に依存してきた。さらに近年アジアにおける人口の増加と経済の急成長は，エネルギー消費を加速度的に増大させ，世界の化石燃料資源の需給に大きな懸念材料をもたらしている。石油，石炭，天然ガスなどの化石燃料資源はいったん消費されれば再生が不可能な資源である。したがってその埋蔵量にはおのずと限りがある。

　1973年の石油危機の当時，石油の埋蔵量が4％/年の増加に対し，需要の方は8％/年で，当時，もしそのままの消費傾向が継続されるなら，10年毎に需要量が倍増し，資源の枯渇が急速におとずれるとの懸念がなされたのである。

　資源の枯渇の問題を考えるとき，一つの指標に**可採年数**が用いられている。この可採年数は，その年の**確認埋蔵量**（R）をその年の生産量（P）で割った値，（R/P）で表すが，決して固定的な値ではない。なぜならば埋蔵量はその時代の技術で採掘した場合に経済的に採算がとれると見込まれる資源の存在量を表すもので，採掘技術の向上や人工衛星を用いた鉱床探査など探査技術の向上により埋蔵量は大きく増加変動するものである。一方で，資源を有効利用しむだ使いを防止するならば，その年の資源の生産量を減らすことにもなる。

　石油について可採年数を示すと，1988年末で43.1年と算出されたが2010年1月現在，52.6年となっており，世界における消費量が増加しているにもかかわらず伸びていることがわかり，埋蔵量が固定的なものでないことが理解できる。

　ちなみに，確認埋蔵量に対して**推定埋蔵量**という概念がある。これは確認埋蔵量以外で将来採掘の可能性があると推定される埋蔵量を差し，確認埋蔵量と区別している。

　石油の組成は，油田の場所や油層の違いによって種々さまざまである。一般的には主成分は炭素と水素からなる炭化水素でそのほか若干の硫黄，窒素，酸素などと微量の金属を含んでいる。炭化水素は有機化合物の母体をなすもので，

表 6-1 炭化水素の分類

炭化水素
- 鎖状炭化水素
  - パラフィン系炭化水素
  - オレフィン系炭化水素
  - アセチレン系炭化水素
  - ジオレフィン系炭化水素
- 環状炭化水素
  - ナフテン系炭化水素
  - 芳香族炭化水素

炭素原子の結合の様式から次のように分類されている（表6-1）。

しかし，石油中の主成分は一般式 C_nH_{2n+2} のパラフィン系炭化水素，C_nH_{2n} のナフテン系炭素化水素，および芳香族炭化水素を多少含むものがある程度である。

パラフィン系炭素のうち n が 4 まで，すなわちメタンからブタンまでは常温で気体，n が 16 以上では固体を呈している。

石油中に含まれる炭化水素のうち代表的なものを図6-3 に示す。

● Paraffin Hydrocarbon（パラフィン系炭化水素）

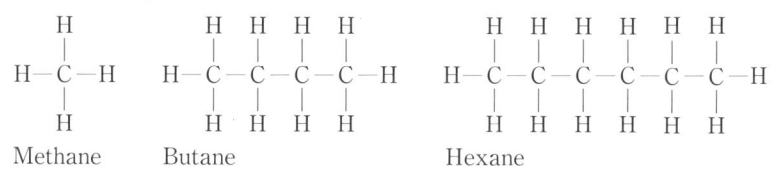

Methane　　Butane　　　　　Hexane

● Naphthen Hydrocarbon（ナフテン系炭化水素）

Cyclopentan　　　　Cyclohexane

● Aromatic Hydrocarbon（芳香族炭化水素）

Benzene　　　　　Toluene

図 6-3　代表的な炭化水素

表 6-2　原油中の硫黄化合物

化合物	示性式	化合物	示性式
硫化水素	H–S–H	スルホオキシド	R–S–R′ (=O)
メルカプタン	R–S–H	スルホン	R–SO$_2$–R′
サルファイド	R–S–R′		
ダイサルファイド	R–S–S–R′		
アルキルサルフェート	R–O>S<O / R′–O>S<O	チオフェン	H–C=C–H \ S / H–C=C–H
スルホン酸	R–SO$_3$H		

C_5H_5N　ピリジン
C_9H_7N　キノリン
C_4H_5N　ピロール
C_8H_7N　インドール
$C_{12}H_9N$　カルバゾール

図 6-4　原油中の窒素化合物

　炭化水素以外に原油中に含まれている成分として硫黄がある。通常原油中には 1 ～ 5 ％程度含有している。硫黄が燃焼すると二酸化硫黄や三酸化硫黄となり，大気中に放出され人体や農作物に悪影響を与えたり，酸性雨の原因物質ともなるものである。原油中に含まれる硫黄化合物の代表的なものを表 6-2 に示す。

　また，原油中に含まれる窒素化合物はほんの微量ではあるが，図 6-4 に示すように，環状アミドや複素環化合物として存在する場合が多い。

　さらに原油中には，微量ではあるが，フェノールやナフテン酸などの形で酸素化合物が含有しており，バナジウムやニッケルなどの金属も含まれている。

　油田から採掘された原油は，種々の炭化水素などの混合物であることから，そのままの形で使用されることはほとんどなく，製油といって，蒸留によっていろいろの成分に分けたり，成分の一部分を分解させたり化学反応をさせたりして種々の製品にする操作が行なわれる。

　最初，原油を常圧蒸留によって沸点の低い成分からは順に留出させる。蒸留温度が 40 ～ 200℃で留出してくる揮発油，150 ～ 300℃で灯油，200 ～ 300℃で軽油，300℃以上で重油，さらに残留物としてアスファルトやピッチとに分ける。

40〜200℃の揮発油は以前ガソリンとよんでいたが，今日ではそのままではガソリンにならないので**ナフサ**（naptha）とよび，改質処理をして自動車用ガソリンにしている。またナフサは熱分解され，石油化学原料とし，需要の大きなエチレンなどを製造している。灯油はランプや暖房用のみでなく，第二次世界大戦以後ジェット燃料用として重要性がもたれるようになり，軽油はディーゼルエンジン用燃料，重油は工場用，大型船，火力発電所用燃料として使用されている。

今日，とくにナフサの需要が大きく，原油を蒸留して得られた量のみでは需要を満たすことができないので，重油などの高沸点留分を熱分解や接触分解して，分子量の小さな低沸点成分をつくるクラツキングを行い，分子量の小さいガソリン留分をはじめ，プロパン，ブタンなどの低沸点炭化水素も生成させ有機化合物の合成原料としている。いずれにしても石油は石炭にくらべ取り扱いが簡単で便利でもあることから，エネルギー源の主力となっている。

6-2-2 石　　炭

1960年代にエネルギー源の主役の座を石油にかわられた石炭であるが，およそ3,000年前に中国で，2,000年前にギリシャで用いられたことがあった。しかし，本格的に使用されたのは18世紀のヨーロッパにおける産業革命以後のことである。この主役の座を奪われた石炭ではあるが，埋蔵量において化石燃料中最大で，確認埋蔵量が2001年においておよそ9,800億t，可採年数210年と非常に豊富なため，エネルギー資源として再び注目を浴びるようになった。

一方，石炭は燃焼させると環境の悪化をもたらすという問題がつきまとっている。石炭を燃やすと石炭の成分中の硫黄が硫黄酸化物（SO_x）に変化し，窒素酸化物（NO_x）や，ばい塵を発生させる。さらに石炭には10％以上の灰分が含まれ，これの処理が問題となる。また，地球温暖化ガスである二酸化炭素の発生も図6-5に示すようにほかの化石燃料と比べて非常に多いことがわかる。現在は脱硫や脱硝装置，ばい塵装置，灰の有効利用など技術革新が大きく進んできている。

石炭は繁茂していた植物が湿地に埋没し，地中で熱や圧力により炭化したもので，20万年から3億年程経過して生成されたものである。成分や性質は石

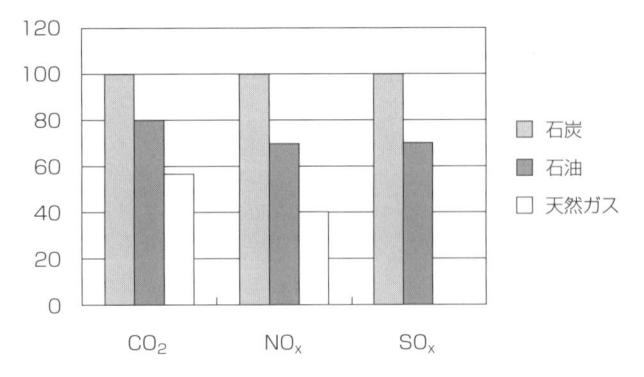

図 6-5　燃焼時石炭を 100 とした場合の石油，天然ガスからの CO_2，NO_x，SO_x，発生量
資料：NATURAL GAS PROSPECTS

$C_{135}H_{96}O_9NS$
$H/C = 0.72$

図 6-6　石炭の分子構造の例

炭の産出場所や生成年代あるいは根源植物の種類によっても異なるが，水分を除いた後の石炭の元素組成は，炭素；70〜90％，水素；4〜5％，酸素；5〜15％，硫黄；0.5〜5％，窒素；1〜2％，および鉱物質の灰分からなっている。

6-2-3　天然ガス

　天然ガスは石油・石炭にかわる化石燃料としてますます大きな役割をになっ

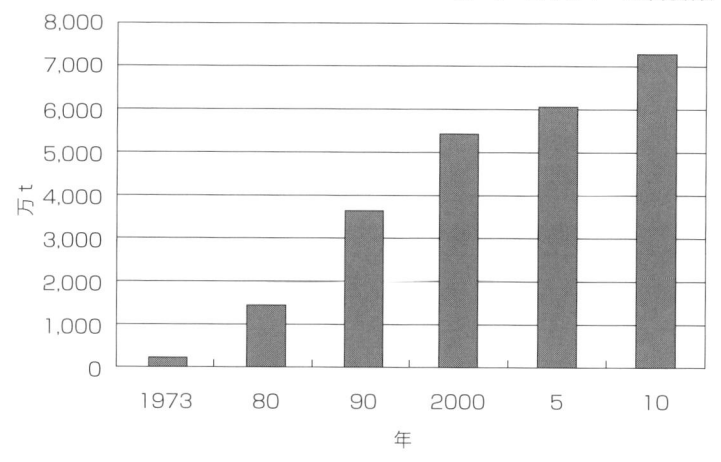

図6-7 わが国における天然ガス消費量の経年推移
資料：経済産業省「資源エネルギー統計年報」

ていくものと考えられる。わが国においても第一次・第二次石油ショックそして湾岸戦争を経て石油代替エネルギー源としてその消費量をどんどん増大させている。

　天然ガスは，石炭や石油と比べ，燃焼させた場合，図6-5のように硫黄酸化物は排出せず窒素酸化物，二酸化炭素の発生量も非常に少なく，化石燃料の中ではもっともクリーンなエネルギー源であるとともに，無煙で高カロリーなエ

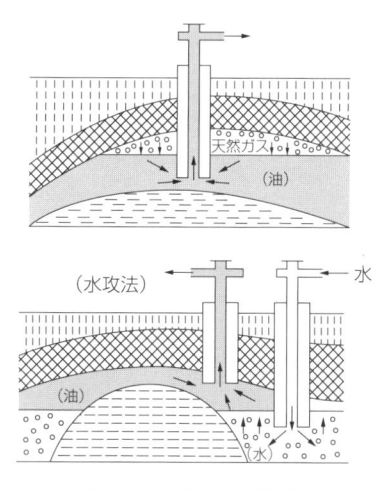

図6-8 石油の採取法

ネルギー源である。今後，地球温暖化ガスの二酸化炭素削減の面からも，火力発電所における燃料が石油や石炭から天然ガスへと変換が計られていくものと考えられる。

天然ガスは石油と同系統の起源によって生成した主に気体炭化水素で，その主成分はメタンである。石炭採掘に伴なって発生するメタンガスもあり，また地下水に溶解して産出するものもある。

石油に伴なって噴出してくる天然ガスあるいは**背斜構造**の中に閉じ込められて存在する天然ガスを**構造性天然ガス**（湿性ガス）とよび，中東はじめ世界の油田地帯で生産され，わが国でも少量ながら秋田や新潟の油田から噴出している。よく油田の写真でパイプのヤグラの先端から炎が噴き出ている光景を目にする。石油を掘り出すときに地下から一緒に噴出するガスで，体積にすると石油の100〜1,000倍位になるが，大気中にそのまま放出させないで燃やして廃棄しているのである。湿性ガスとよばれる理由は，常温で液体のコンデンセート（ナフサ，灯油，軽油）など，多くの成分が含まれることからである。決して水を伴う意味ではない。一方，油田地帯ではないが大きな河川などのデルタ地帯のような沼沢地帯の地下水に溶解して産出する天然ガスもある。いわゆる**水溶性天然ガス**（乾性ガス）とよばれるものである。この場合成分はメタンのみなので，乾性ガスとよばれている。千葉県の茂原や信濃川河口で産出する天然ガスがそれである。

この天然ガスの大量利用は，アメリカにおける石油の開発が大規模に始まってからである。アメリカでは石油と一緒に噴出してくる天然ガスを油田地帯から直接パイプラインで工場地帯や大都市に輸送し，燃料として用いられたのである。

ヨーロッパにおける天然ガスの利用は，北海における巨大な油田やガス田の開発にあり，パイプラインによってヨーロッパ中に安価な天然ガスを供給できる地理的環境にあるため，その利用は大きく進んでいる。さらに，一大産出国であるロシアやアフリカからもパイプラインが敷設されており，天然ガス供給量は非常に豊富で，消費量も増大している。

天然ガスの成因は，構造性ガスの場合は石油の一部であり，水溶性ガスの場合は，河川によって運ばれてきた有機物が地下に堆積しメタン発酵によって生

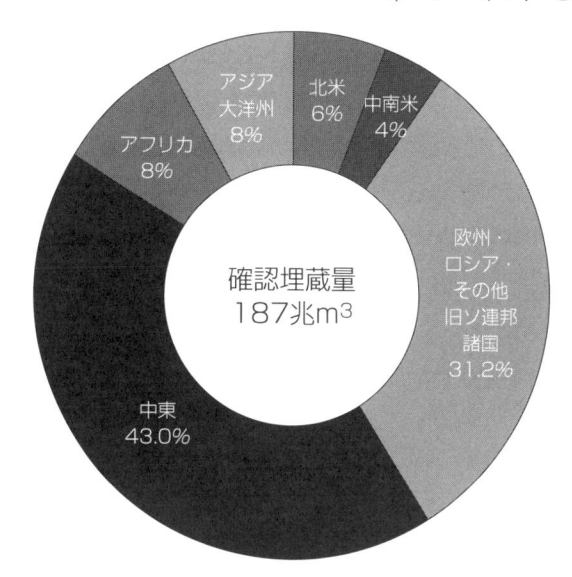

図 6-9 世界の天然ガスの確認可採埋蔵量（2012 年末）
出典：資源エネルギー庁

成されたものと考えられる。この**天然ガスの埋蔵量**は 2011 年で 164 兆 2,750 億 m³ で，その内訳けは，アジアが 50.7％，ヨーロッパは 31.48％，アフリカ 8.17％，北アメリカ 5.38％，南アメリカ 3.70％，オセアニアが 0.58％存在している。

　21 世紀は天然ガスの時代といわれている。この天然ガスをめぐるビジネス環境が大きく変化してきている。そのもっとも大きなものが LNG ビジネスのグローバル化である。中国，インド，アメリカ，西ヨーロッパにおける市場が急速に拡大している。そして，この動きを受けて主要産出国のロシアや中東諸国が天然ガスの積極的商品化を計ろうとしている。ここで LNG とは (Liqufid Natural Gas) 液化天然ガスのことで天然ガスを－162℃で冷却し液化したものである。LNG による天然ガスの輸送の技術革新の結果，これまでせいぜい日本と中東間の距離の輸送しか経済的に成り立たなかったものが，天然ガスの液化装置の巨大化やタンカーの大型化によって現在では，経済的にも中東－アメリカ間の輸送が可能になったのである。ちなみに 1974 年に大型設備といわれたブルネイにおける LNG 製品設備能力が 100 万 t/yr であったが，

今日エジプトにおいて 500 万 t/yr の製品設備能力をもったものがつくられ，LNG 製造コストの低減が図られている。また LNG タンカーは 2004 年には 13 万 5,000 m³ が世界最大容量のものであったが，その後 14 万 5,000 m³ のタンカーが建造され，さらに大型化を図ろうとしている。天然ガスはエネルギー源ばかりでなくエチレンなど石油化学製品の製造用原料として石油と同様に連産品でもあり，この方面への利用も今後ますます増加していくものと思われる。

IEA (International Energy Agency 国際エネルギー機関) の "World Energy Outlook 2005" で報告された天然ガスの需要予測によると，世界の一次エネルギーに占める天然ガスの需要は年率 2.1％ の割で増加し，2030 年には，石油に次いで第 2 位のエネルギー源となるとしている。すなわち 2004 年における需要量の世界計は，およそ 2 兆 7,000 億 m³ であったものが 2030 年には 4 兆 7,890 億 m³ へと増大するというものである。

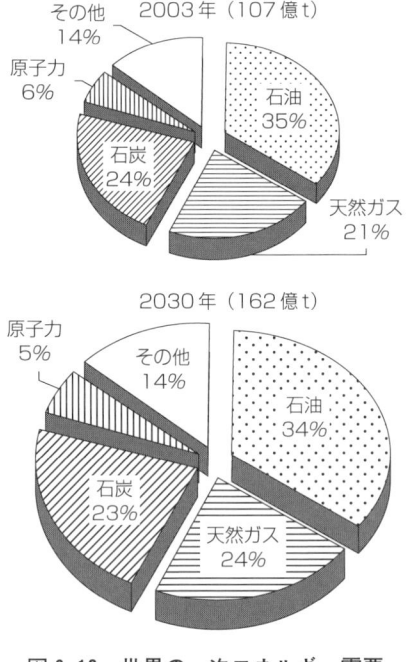

図 6-10　世界の一次エネルギー需要
一ノ渡忠之，PETROTECH, VOL. 29, No. 7 (2006) 石油学会

天然ガスは，地球温暖化などの環境面を考えると化石燃料中でもっともクリーンなエネルギー源で，しかも低コストなので発電用としての利用がますます増大すると考えられる。中国，インド，南米諸国などの発展途上国においての需要も急速に増大するとともに，現在需要量を自給でまかなっているアメリカも生産が需要に追いつかなくなり，輸入にたよらざるを得なくなり，おそらく2030年には総消費量の14％，すなわち1,420億m^3を輸入するものと見込まれている。OECD諸国の天然ガスの輸入量は2003年で2,030億m^3であるものが，2030年には総消費量のおよそ64％にあたる4,990億m^3にも増大するものと予測されている。

6-3　エネルギー源の今後

わが国における化石燃料起源のエネルギーは，発電，工業，輸送用といろいろな分野で全エネルギー消費量の約80％に達している。化石燃料は，燃焼によってエネルギーを生み出すので，どうしても二酸化炭素などを発生させ，地球温暖化をもたらすなど環境的に問題のあるエネルギー生産プロセスといわざるを得ない。

地球温暖化については，IPCCが過去（1906～2005年）の100年の間で地球の平均気温が0.74℃上昇したと指摘し，とくに最近の上昇速度は急速で，2030年には10年で0.2℃も上昇するとも予測している。温暖化の影響は，それだけ速くかつ大きいため世界中で温暖化防止の対策を早めていくことが求められている。

京都議定書によると温室効果ガスの排出量の目標値が定められており，2008～2012年（第一約束期間）に二酸化炭素などの温室効果ガスの排出量を先進国全体で1990年の排出レベルに対し，5.2％削減させるという排出削減が義務付けられている。具体的な削減量は国ごとに異なっており，日本では6％削減が目標となっている。しかしながら日本国内の排出量は増加しており，2005年度には1990年比で8.1％増へと推移し，第一約束期間中の削減達成が大変難しい状況になってきている。

地球温暖化の原因は90％を超える確率で人為的なものであり，**IPCCの第四次評価報告書**によると今世紀末における地球の平均気温は20世紀末と比べ

最高で 6.4℃上昇すると報告されている。その影響は深刻で，今世紀後半までに北極海の海氷がほぼ消滅する可能性があり，CO_2 濃度の上昇で海洋の酸性化が進行し海の生態系が破壊される，台風やハリケーンが巨大化するなども懸念されている。

そこで，地球温暖化ガスの排出量の削減の方策として考え得ることは，化石燃料のうちでもっともクリーンな天然ガスをエネルギー源にシフトさせることがまず考えられる。次に温室効果ガスを全く出さないエネルギー源への転換すなわち自然エネルギーの利用である。これはエネルギー資源として用いた場合にも石油などと異なり資源の枯渇ということを考える必要のないエネルギー源である。また原子力も CO_2 などの温室効果ガスを排出しない優れたエネルギー源である。原子力は，現在発電量の約 30 ％を占めており，この原子力なくして今後の電力供給はあり得ないといえるほどの安定供給源であり，今日確固たる地位を築いている。また，省エネルギーのさらなる推進も重要である。

6-3-1 原　子　力

わが国における原子力発電は，1963 年に始められた。二度の石油ショックを経験し石油に比べて発電コストも安価な原子力による発電が，石油にかわるエネルギー源として魅力あるものとされたのである。2011 年 2 月現在日本で稼動している原子力発電所は，運転中のものが 54 基となっている。

2007 年度におけるエネルギー別発電割合をみると，総発電量 11,337 億 Kwh のうち約 23.27 ％を原子力発電が占めている。火力が 68.79 ％，水力が 7.43 ％，その他自然エネルギーが 0.5 ％の割合となっている。

原子力発電は，原子核の分裂によって生じるエネルギーを発電に利用するものである。ウラン 235 に中性子を照射することによってウランの原子核が分裂し次々と核分裂の連鎖反応を起こし，この過程で巨大なエネルギーが放出され，この放出された熱エネルギーを利用し蒸気をつくりタービンを回して電気を起こそうとするものである。

原子力は 1896 年のラジウム発見に関して，小さな原子が壊れて非常に大きなエネルギーが発生してくる現象から，その考えが始まったといえるかもしれない。そしてアインシュタインの**特殊相対性理論**（1905 年）の発表によって

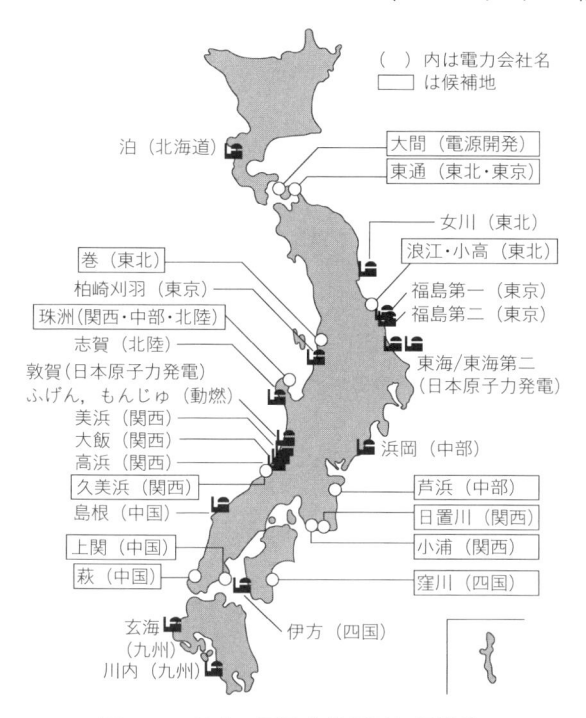

図 6-11　日本の原子力発電所と候補地
中田昌宏・松本信二，「新訂環境の科学」，三共出版（2008）

物質とエネルギーとの転換の関係が明らかとなった。

$E = mc^2$　　　　E：エネルギー　(erg)

　　　　　　　　　m：質量　　　　(g)

　　　　　　　　　c：光速度　　　(3×10^{10}cm/sec)

たとえば1gの質量が消えてエネルギーに変換されるならば，$E = (3 \times 10^{10})^2 = 9 \times 10^{20}$erg となり，この量はKWhに換算すると約2,500万KWhに相当するのである。原子力の場合，原子核の中に陽子と中性子を結合させている潜在的エネルギーが，原子核の分裂が起きたとき，巨大な熱エネルギーとなって放出されるのであり，原子核の変化に伴うエネルギーである。

ちなみに我々は生活や生産にいろいろな形のエネルギーを使っているが，その大部分が石油，石炭，天然ガスなどの燃料の燃焼熱から出発している。このエネルギー源である化石燃料には，化学結合力の形で潜在的にエネルギーをそ

の分子内に保有している。この化石燃料を燃焼させると熱エネルギーの形でエネルギーを放出し、その熱エネルギーをそのままの形で利用したり、水蒸気を発生させタービンを回すことに利用したりする。この場合熱エネルギーは運動エネルギーに変換されたことになる。さらにタービンの力で、発電機を回せば電気エネルギーに転換され、この電気を使って電車を走らせれば運動エネルギーに変化し、電熱器に利用すれば熱エネルギーにもどるのである。

原子力開発に口火を付けたのは、1938年にノーベル賞を受けたイタリアの学者**エンリコ・フェルミ**である。1934年にいろいろな元素の原子に中性子を照射させるとほかの元素に変換することを研究し、成功をおさめたのである。さらに自然界に存在するもっとも原子番号の大きい原子番号92のウランに中性子を照射すると、原子番号93の新しい元素が生成されると考えたが確かめる手段がなかった。

このフェルミの研究は、後に1939年ドイツのオットー・ハーンとリーゼ・マイトナーが引き継ぎ追試し、ウランに中性子を照射すると生成物中にクリプトンとバリウムが生成することを発見した。さらにこの反応中に起こる質量欠損から原子力が開放されることを予測した。すなわちウラン原子1個が核分裂を起こすと2億電子ボルトという高エネルギーが解放されることを明らかにした。

1個のウラン原子から2億電子ボルトのエネルギーを放出するとすれば、ウラン1kgから石炭3,000t分の熱が得られ、それは2,500万KWhの電力に相当するので、これから原子力発電の構想が生まれたのである。

$$^{235}_{92}U + ^{1}_{0}n \longrightarrow ^{144}_{56}Ba + ^{90}_{36}Kr + 2億ev + 2\text{-}3(^{1}_{0}n)$$

======= ^{235}U の核分裂の可能なプロセスの1例 =======

中性子によって核分裂を起こすのは天然ウランのうち0.7％しか存在しないウラン235であって、ほかのウラン238は原子核中に中性子が入り込み、原子を放出して陽子が94個の原子番号94のプルトニウムに変換される。ウラン235の核分裂によって2～3個の中性子を放出させる。したがって十分なウラン235原子があれば核分裂反応は次々に連鎖的に生起し大きなエネルギーを生み出すのである。図6-12にウラン235の核分裂の連鎖反応の様式を示す。

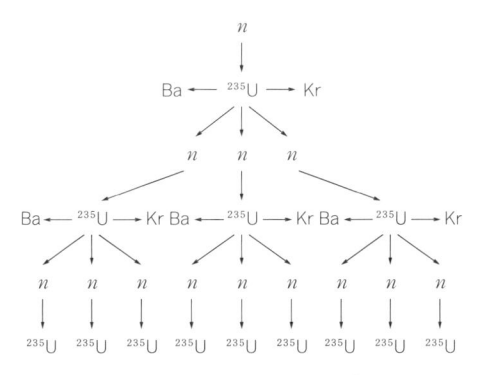

図 6-12　核分裂連鎖反応

表 6-3　原子炉の種類

原子炉（動力炉）
- 軽水炉……
  - 沸騰水型炉 Boiling Water Reactor（敦賀）
  - 加圧水型炉 Pressurized Water Reactor（美浜）
- 重水炉……Candu 炉
- ガス冷却炉……コールダーホール型（東海発電所）

　原子力発電は**原子炉**とよばれる装置の中で図 6-12 の核分裂の連鎖反応を安全に制御しながらおこなわせ，発生してくる熱を蒸気に変え，蒸気の圧力でタービンを回し電気を起こすものである。この原子炉には表 6-3 に示すような型がある。

　核分裂反応によって発生した**中性子**が未反応のウラン 235 にうまく吸収されるためには，放出された中性子の速度が速すぎないよう**減速**させる必要がある。この**中性子の減速材**として，また原子炉から発生する熱の冷却材として水を使用した型の原子炉を軽水炉という。（図 6-13），また，核分裂の連鎖反応のコントロールは，ホウ素やカドミウム合金からできている**制御棒**で発生してきた中性子を吸収し，常に一定のレベルで核分裂の連鎖反応をおさえている。原子炉温度が異常に上昇したり中性子の発生量が多くなったりするような緊急の場合には，この制御棒が自動的に原子炉の中に落下し，核分裂の連鎖反応を停止するような安全設計が施されている。

　重水炉はカナダの Candu 炉に代表されるもので，中性子減速材兼冷却材として重水を用いるよう設計された原子炉である。また，イギリスで開発された

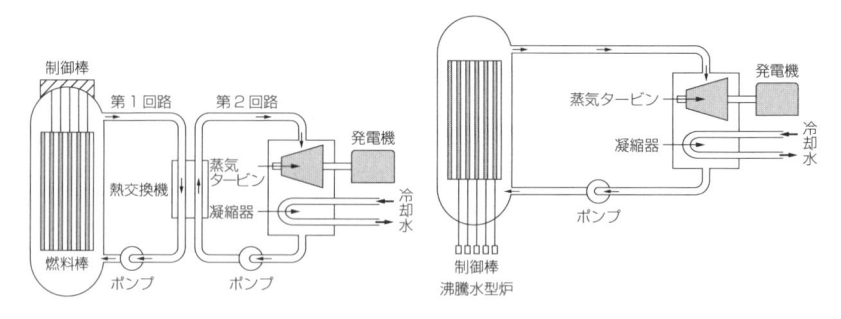

図 6-13　PWR，BWR の模式図

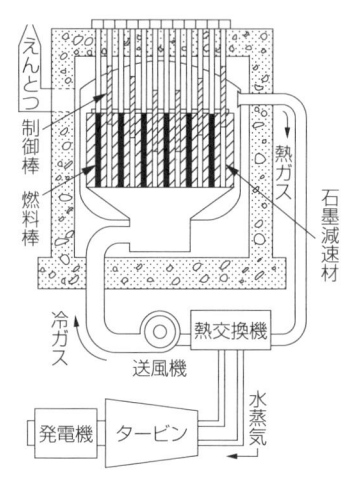

図 6-14　コールダーホール型原子力発電模式図

　ガス冷却炉型の原子炉では（図 6-14），中性子減速材として石墨を使用し，原子炉の冷却材には二酸化炭素を用い，原子炉で発生する熱はいったん熱二酸化炭素として外に取り出し，この高温二酸化炭素で熱交換器の水を水蒸気に変えてタービンを回し，使用ずみ二酸化炭素は再び原子炉に導入する構造になっている。

　世界でもっとも多く使われている軽水炉で使用される核燃料は ^{235}U であるが，これは天然のウラン中に 0.7 ％しか含有せず，99.3 ％が ^{238}U であり，天然ウランのままでは ^{235}U の割合が少なすぎて ^{235}U の能率的な核分裂反応が進行しない。そこで ^{235}U の濃度を 3～5 ％にまで高めて使用している。この ^{235}U

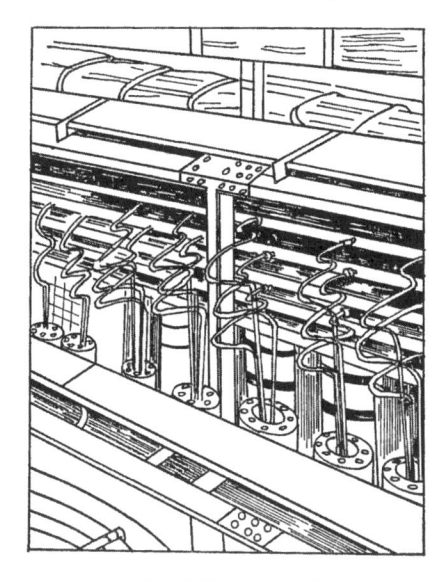

図 6-15　濃縮ウラン製造工程

の含有率を高めたウランを"**濃縮ウラン**"といっている。濃縮ウランの製造は大変難しい技術である。採掘されたウランを酸化ウラン U_3O_8 にし，それを気体の 6 フッ化ウラン UF_6 に変換し，隔膜を通して何度か拡散させて ^{235}U を濃縮する**ガス拡散法**が用いられている。また，**遠心分離法**とよばれる超高速で円筒を回転させながら ^{235}U を濃縮させていく技術もある。

　原子力発電は火力発電に比べ二酸化炭素の放出が少ない発電技術である。ウランの核分裂反応により放出される熱を利用するもので，その意味では発電に際し二酸化炭素を全く放出しない技術である。建設過程を考慮しても 1 KWh 当りの二酸化炭素排出量は，石油火力の 1/30，天然ガス火力の 1/25 と少なく，懸念されている地球温暖化を考えた場合，二酸化炭素排出削減に大きく寄与する発電技術といえる。ちなみに現在わが国において，およそ 3,200 億 KWh の電気を原子力発電によってまかなっているとすると，これを石油に換算すると東京ドーム 60 杯分の石油が必要となり，これを燃やして電気に変えると，二酸化炭素の排出量は 6,600 万 t（炭素換算）と計算される。したがって温暖化防止の京都会議での合意を達成しようとすると，非温暖化エネルギー源である

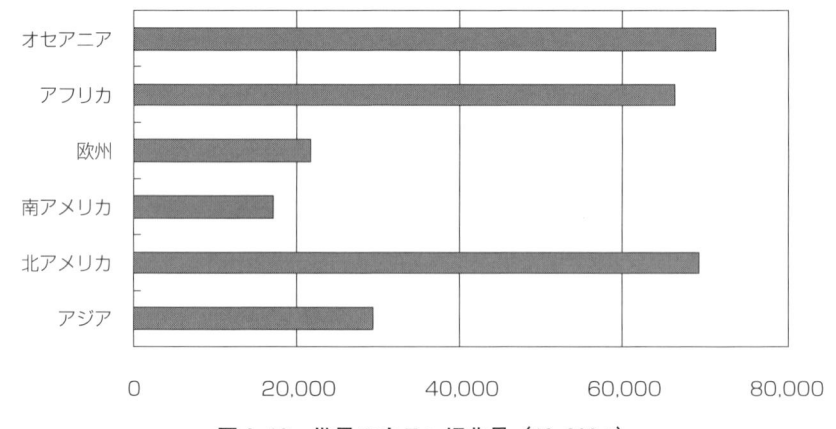

図 6-16 世界のウラン埋蔵量（10,000 t）
資料：世界の統計 2006（総務省統計局）

原子力のより一層の推進が当然の帰結といえるのである。

　この二酸化炭素排出削減に有効な原子力も，その燃料となるウランの資源量は石油や石炭，天然ガスなどの化石燃料資源と同様有限である。ウランの可採年数は，2001 年時点で約 61 年とされ，可採埋蔵量は 393 万 t とされている。今後，経済発展の著しい中国をはじめとするアジアの国々で原子力開発が進むことを予測すると，ウランの消費がますます増加し，またスウェーデンのように脱原子力を国民投票で決め国会決議までした国がまだ原子力廃止まで行かず，むしろ新しい型の原子力発電をおこなうとの動きもあり資源量を考えると，決して安定した万能のエネルギー源とはいえない。

　上述の新しい型の原子力発電というのは，**MOX 燃料**を軽水炉型原子炉で燃やして発電する，いわゆる**プルサーマル**を実施しようとするものである。軽水炉を用いておこなう原子力発電の**核燃料**の大部分は中性子を吸収してプルトニウム 239 に変わる ^{238}U である。また，^{235}U も全部が核分裂するのではなく，約 1 ％が ^{235}U として残る。そこで，使用済み核燃料の組成は，大体 ^{235}U が 1 ％，^{239}Pu が 1 ％，核分裂のゴミが 3 ％，^{238}U が 95 ％と考えるとよい。MOX 燃料は，この使用済み核燃料を再処理して ^{235}U と同じ働きをする ^{239}Pu を取り出し，ウランと混ぜて 4 〜 9 ％の濃度にしたものである。これを通常の核燃料とともに軽水炉で燃やして使用するものである。

この原子炉の中で^{238}Uが変化し，^{239}Puが現在運転中の軽水炉の中でも一部自然に燃料となって核分裂を起こし熱を生み出す働きをしていることも事実で，そういう意味でプルサーマルはこれを人工的積極的に行わせようとするシステムでウラン資源の有効利用ということにもなるのである。

そのほかの核分裂型原子炉として高速増殖炉がある。これもウラン資源の有効利用という点で期待される原子炉で，**高速増殖炉型原子炉**（FBR：Fast Breeder Reactor）とよばれている。

世界で現在おこなわれている原子力発電の大部分は天然にほんのわずかしか存在しない^{235}Uを核燃料に使用する原子炉を用いて行われており，大量に存在する^{238}Uはほとんど積極的利用はなされていない。この天然に大量に存在する^{238}Uすべてを核燃料に変えて使用することができるならエネルギーの供給は，今後の世界の経済成長を見込んでも約1000年位は十分まかなえると考えられている。^{238}Uを核燃料に変換するということは，^{238}Uに中性子を照射して^{235}Uと同じ働きをする^{239}Puを生成させて，これを核燃料にしようとするものである。通常，軽水炉型原子炉では，^{235}Uの核分裂によって発生する高速中性子を水などで減速させ^{235}Uに取り込まれる割合を高めているが，高速増殖炉では中性子を減速させることなく，そのまま使用し核分裂の連鎖反応を起こさせるものである。

原子炉の構造は，炉心に核燃料として^{235}Uあるいは，^{239}Puをおき，そのまわりに，^{238}Uのブランケットをかぶせる。発生した熱を取り出す冷却材としては，軽水炉の場合，水を用いたが，かわりに金属ナトリウムを使用する。金属ナトリウムで取り出された原子炉の熱で別系統の水を蒸気に変え，タービンを回し発電するという設計になっている。^{235}Uや^{239}Puの核分裂によって発生した中性子の一部は核分裂の連鎖反応に用いられるが，その一部は，まわりの^{238}Uに吸収され核燃料の^{239}Puに変換される。すなわち，炉心において1個の^{235}Uや^{239}Puが核分裂で消費されても，^{238}Uから生まれる^{239}Puが消費された以上に発生する炉を増殖炉とよび，減速しない高速の中性子を用いることより高速増殖炉とよんでいる。

わが国においては，この種の原子炉では1978年"**常陽**"と名付けた実験炉で熱出力7.8万Kwを達成し，その後，福井県敦賀で"**もんじゅ**"と名付け

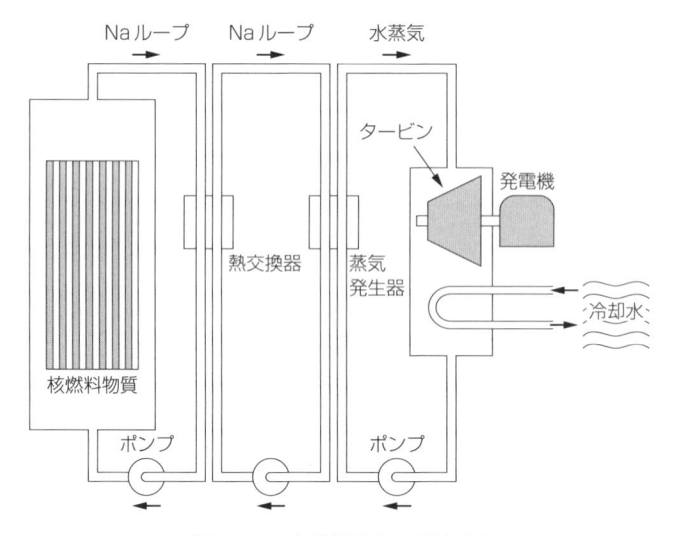

図 6-17 高速増殖炉の系統図

た発電用原子炉が建設され，試運転中であったがナトリウム漏れが見つかり，現在点検中である。

　原子力の安全性の問題も大変重要であることはいうまでもないが，エネルギー資源の確保の観点からウラン有効利用を計ったプルサーマルや高速増殖炉型原子炉は大きな魅力をもったものといえる。

6-3-2　新エネルギー

　新エネルギーは，自然エネルギー，リサイクルエネルギー，従来型エネルギーの新利用型などに分類がされる。

　新エネルギーの特徴は，地球温暖化ガスの二酸化炭素の排出がないか，あるいは少ない，そのほか NO_x などの大気汚染物質の排出が非常に少ない，電力を考えると火力や原子力発電のように一カ所大規模ではなく，災害時に有効となる分散小規模発電であることなどである。さらに，地域的な特徴があり，地域独自性産エネルギーでもある。

　また，新エネルギーは，太陽光や風力など，自然のもつエネルギーということで自然エネルギー，化石燃料に代わるエネルギー源ということで代替エネル

ギー，また温暖化ガスを排出しないで再利用できるエネルギー源ということで**再生可能エネルギー**などともよばれている。

ヨーロッパでは各国で新エネルギーの利用促進が法制化され，ドイツにおいては2000年に「再生可能エネルギー法」が施行され，電力会社による新エネルギーからの電力の買い取り制度が始まり，スペインやイタリアでも同様の政策がとられるようになった。わが国においても，地球温暖化防止のために化石燃料依存度を減らすべく，電力会社が太陽光や風力など自然エネルギー起源の発電量の拡大を図ることが決定され，2014年までに新エネルギー起源の電力を現在の約3倍となる160億KWhに増加させることを決めた。また，電力とは別に運輸部門における温暖化ガス排出削減のため，**代替燃料**のバイオエタノールの利用促進をはかり，2010年度には50万klまで使用量を増やす計画もなされている。

（1） 太陽エネルギー

自然のもつエネルギーのうちもっとも大きなエネルギー源は，太陽エネルギーである。現在人類が一年間に消費するエネルギー総量は10^{19}cal台という膨大なものであるが，10^{23}calという太陽からのエネルギー量に比べれば1万分

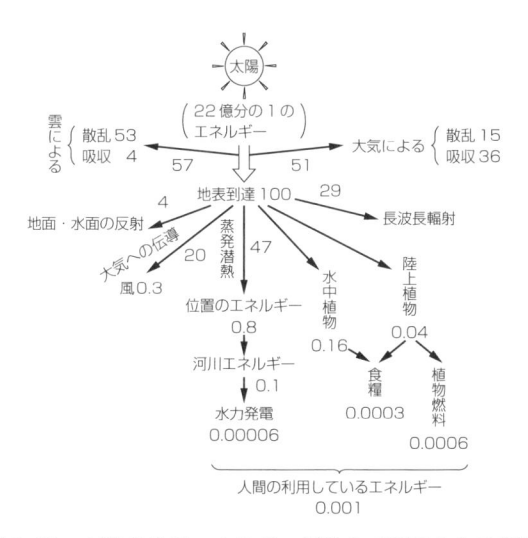

図 6-18 太陽の放射エネルギーが地上で利用される割合

の1にすぎない。我々が恩恵を被っている気温や乾燥などに利用する放射熱などを加えてもおよそ地球に到達する太陽エネルギーの10万分の1程度を利用しているにすぎない。植物の光合成によって取り込まれる太陽エネルギーは3×10^{21} J/yrといわれ，石油・石炭など化石燃料消費量の10倍にも達する量である。

再生可能で枯渇せず自然環境への負荷の少ない太陽エネルギーの有効利用は，人類最大の課題である。太陽エネルギーの利用には，その熱を利用するものとして地上で凹面鏡を使用し，受けた太陽熱をその焦点に集め，得られる高熱を利用して蒸気を発生させ発電する**太陽熱発電**がある。一方，各家庭で太陽熱を吸収して温水をつくり給湯・暖房に用いるシステムがある。屋根の上に設置される**太陽温水器**である。現在およそ400万台程が個人家屋に導入されている。

また，太陽光を利用するものもある。太陽の光エネルギーを直接太陽電池で電気エネルギーに変換しようとするもので，いわゆる**太陽光発電**である。太陽光発電設備の導入量ではわが国は世界第一位で，2005年度の導入量は111.9万Kwで5年間で6倍も増加している。さらに，2010年までに482万KWを導入目標としている。

一般に金属は電気をよく通すが，これは結晶格子から電子を引き離すのにエネルギーがいらないからである。金属結合では，電子が自由に動くことができる。これに対し，絶縁体というのは，電子を引き離すエネルギーが4電子ボルト以上のものである。

太陽光線が当たった場合，1個の光子が有するエネルギーは2電子ボルトで

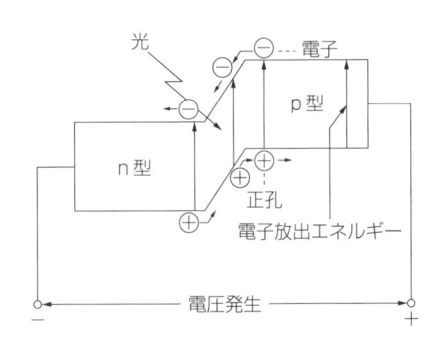

図 6-19　半導体太陽電池のしくみ

あり，この程度のエネルギーで結晶格子から電子を引き離すことの可能なものとして，金属と絶縁体の中間的性質を有する半導体がある。

図 6-19 に示したように半導体の応用によって太陽光の照射で電流を発生させる装置が**太陽電池**である。

半導体の格子から電子が引き離された後の穴を正孔というが，この正孔と出てきた電子だけでは電流が生じない。そこでシリコン結晶中に不純物としてヒ素を入れて電子の多い「**n 型半導体**」をつくり，一方でシリコンの単結晶の切片をホウ素処理した正孔の多い「**p 型半導体**」をつくり，この 2 種の半導体を接合し，太陽光を照射させると格子から抜け出た電子は n 領域の方へ，また正孔は p 領域の方へと流れ込む。このようにして負の電荷をもった電子が「n」に，正の電荷をもった正孔が「p」に集まるようになると n 型と p 型の間に電圧が生じ起電力が生まれる。これが太陽電池の原理である。

太陽電池の製造コストは 1974 年には 2 万円/W であったものが 2000 年には，600 円/W にまで低減され，発電コストも 66 円/KWh と安価になったが，化石燃料からの発電コストと比較するとまだ高いものになっている。

(2) 風　力

風力の利用の歴史は古く，帆船に用いたり，風車を回して井戸の水を汲み上

図 6-20　風力タービン

げたり，灌漑用にも用いられていた。13～14世紀にかけてヨーロッパで全盛時代を迎えた。

　発電用風力タービンは，1891年デンマークのポール・ラクールによって建設されたのがはじめてで，その後19世紀に入ると**風力発電**の研究が進み，小型ながらアメリカやデンマークなどで実用化されるに到った。風力はクリーンなエネルギーで，近年の地球温暖化防止に有効であり，再生可能なエネルギーである。わが国においては，1978年「**風トピア計画**」という名で出力1KWと規模が小さいものであったが基礎研究が始まった。

　風力は太陽エネルギー同様，エネルギー密度が希薄であり，風向きや風速が常に一定ではなく，効率的な発電が可能となる地域が限られてしまう。また，人家の近いところでは騒音の問題もある。

　風力発電のシステムは，風を風車のブレードに受けて得られた回転力を増速機で一定の回転数に増速し，その動力を発電機に導き発電しようとするシステムである。風車は常に風に向かうよう設計され，風力を最大限に受け取ることができるようになっている。現在，世界の風力発電出力はおよそ6,000万KWになっている。千葉県銚子市は，年間平均風速が5.6m，風速10m以上15m未満の日数が2006年3月で23日間もあり，風力発電の適地とされる。2001年に一基目が稼動して以来，高さ65mの柱と長さ3.5mの3枚の羽根から構成された風力発電設備の導入が増加し，2007年5月までに29基の発電設備数を数えるまでになった。さらに10基程の新設の計画もなされている。ちなみに20基の年間風力発電量は一般家庭の電力使用量で換算すると16,000世帯分，二酸化炭素削減量に換算すると約3,100 kgに相当する量である。

　風力発電は，風向きや風速など気象条件によって出力が安定しづらく，まだまだ大規模な導入にはちゅうちょがあるが，このような欠点を補うべく風力発電とナトリウム硫酸電池（NAS）を組み合わせ，気象条件によって風力発電の出力が低下しそうな時間帯に，夜間に蓄積した電力を供給するシステムの実用化が，青森県六ヶ所村において2008年に設置計画がされている。34基，出力51,000 KW規模の風力発電にNAS電池を併設するものである。このNAS電池の組み合わせにより出力低下を補うことが可能となれば，風力発電の導入はさらに急速に進むものと思われる。

わが国における風力発電は現在急速に増大しつつあり，2000年では，14.5万KW，2003年末には67.8万KW，2005年には115.9万KWに達している。しかしドイツの611万KW，アメリカの256万KWなど比較するとその導入がまだ遅れている。しかし2006年，日本政府は，2010年までに風力発電量を300万kwとする目標を定め，2009年には220.8万KWに達した。

（3）バイオマス

バイオマスという用語は，元来生態系用語で生物体量（一定の地域内に生存する生物の量）と定義されていたものが1978年の石油危機の後，エネルギー用語として主にエネルギー資源としての植物体の量を表す言葉に当てて用いられるようになった。その後，さらに拡大され，バイオマスの生産やこれを燃料などに変換して利用する技術までも含めてバイオマスとよぶようになっている。

バイオマス資源は，大きく分類すると，エネルギー源としての植物すなわちイモ類のような農作物，樹木，海藻，炭化水素植物などと，農業，林業，畜産業からの残渣や廃棄物に分けることができる。これらのバイオマス資源は，その種類によってエネルギーの発生形態が異なるもので，表6-6にバイオマス資源の種類と変換利用技術ならびに生成物および利用法などを示した。

植物は，その体内で大気中の二酸化炭素を取り込み太陽エネルギーによって有機物を合成し，酸素を放出している。この植物系バイオマスをエネルギー源として使用した場合，理論的には炭素は二酸化炭素として循環するのみで二酸

表6-4 変換利用法によるバイオマス資源の分類

	バイオマス資源	変換利用技術	生成物・利用法
1	水分の少ないバイオマス 木，木くず，わら類，都市ごみ，草，家畜残渣	直接燃焼 熱分解	水蒸気，電力，暖房，燃料ガス，燃料油，メタノール，合成原料ガス
2	糖質バイオマス 砂糖きび，糖みつ，てん菜，含糖廃液，穀物，いも，木，わら，故紙	加水分解 発酵	エタノール，ブタノール，アセトン，フルフラール，酵母
3	水分の多い及び汚れたバイオマス 藻類，水草，農業残渣，畜産残渣，都市ごみ，廃水	嫌気性消化（メタン発酵）	メタン，二酸化炭素
4	石油植物，油脂	抽出など	炭化水素類，油脂
5	水	光生物分解	水素

化炭素排出量の増加ととらえる必要はない。このようなことを"**カーボンニュートラル**"といっている。したがって今日バイオマスの利用は，地球温暖化ガスである二酸化炭素の排出量を増加させない再生可能なエネルギーとして世界中で利用推進が活発となり注目されるようになった。ちなみに地球上における植物の年間生長量は，世界の一次エネルギーの7～8倍ともいわれている。

ブラジルやアメリカでは，**バイオマス燃料**としてエタノールを製造し，ガソリン代替燃料としてエタノールをガソリンに10％混合し，"**ガソール**"バイオガソリンとして使用したり，ブラジルでは，100％エタノールで走る自動車が2006年度に新車販売台数の80％を占めるようになったと報告されている。

このエタノール製造には，サトウキビやキャッサバ，イモなどが原料の場合はエタノール発酵によりエタノールに変換，木材などのリグノセルロース系バイオマスからの場合は，硫酸などの酸加水分解でセルロースを分離し，さらにセルラーゼによる酵素糖化工程を経た後，酵母によるエタノール発酵で製造する工程がある。

わが国でも温暖化防止のためガソリンにエタノールを混合し燃料として利用することが検討され，まず2007年4月，400 kl/dayの量でガソリンにバイオエタノールを3％混ぜた**バイオガソリン**の出荷が始まった。ブラジルでのサトウキビ産エタノールを輸入した場合のエネルギー利益率は，石油や石炭火力と遜色がないことが電力中央研究所で試算され有望な代替燃料となり得ることが証明された。わが国においては，運輸部門で，燃料としてほぼ100％を石油に依存しているが，温暖化防止対策上，代替燃料としてバイオエタノールの利用を2010年度に約50万klに増やす計画がなされている。これは，ガソリン販売量の20％をバイオガソリンに転換することになる。

これとは別に火力発電と比べて大変小規模な発電になるが，バイオマスのメタン発酵を利用した**バイオマス発電**の検討がエネルギー回収型処理技術としてなされている。生ゴミや食品廃棄物，畜産排泄物，廃水処理汚泥などの水分を多く含んだ廃棄物系バイオマスのメタン発酵により，メタンや二酸化炭素などのバイオガスを得て，これを利用しガスエンジンまたは，ガスタービンを回し発電機に導き発電を行おうとするものである。メタン発酵は嫌気性条件で微生物の働きにより有機物が酢酸などの有機酸や水素に分解され，最終的にメタン

と二酸化炭素に分解される行程である。メタン生成微生物としては，*Methano Bacterium sp.*，*Methano Sarcina sp.*，*Methano Saeta sp.*，などが知られている。

2007年，東京ガスでは，湾港などに大量に打ち上げられる海藻を原料として燃料ガスを発生させ発電する装置を開発した。この装置は，30〜300 t/dayの処理が可能で，1 tの海藻から15〜20 m^3のメタンガスが得られる。このガスを用いて1時間発電すると6 KWhの電力が得られ，これは家庭での電力消費量の20戸分に相当する。また，メタンガスを取り出した後の海藻の残渣は窒素を多く含むことより肥料として利用が可能である。

（4） 海洋エネルギー

海洋のもつ利用可能なエネルギーとして海面の上下運動に伴う位置エネルギーを利用する潮汐発電，波浪の位置エネルギー，運動エネルギーを利用する波力発電，海水温度の海面と深層における温度差を利用する海洋温度差発電などがある。

海洋温度差発電の歴史は古く，1880年 D・Arsonval によって発表され1930年には Claude によって実験もされている。Ocean Thermal Energy Conversion とよばれ，頭文字をとって「OTEC」といっている。わが国の佐賀大学に

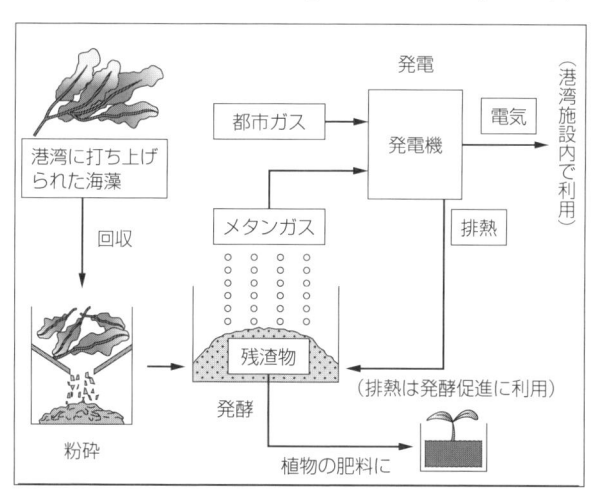

図 6-21 東京ガスが販売する海藻ガスを使った発電設備の仕組み
（日経新聞2007年5月12日）

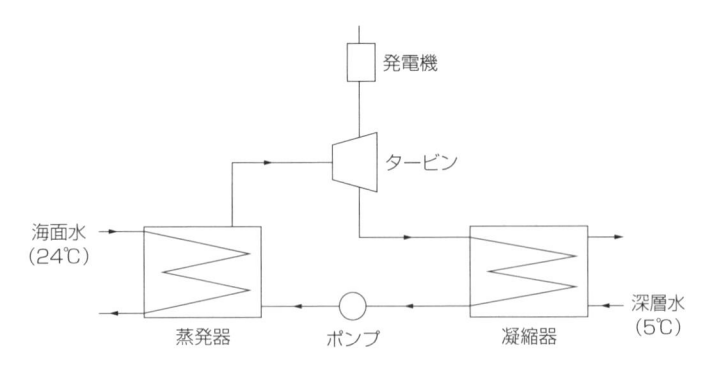

図 6-22 温度差発電の概略図

おいて先進的な研究が続けられている。

　太陽光によって，赤道付近では海面水温が 24～29℃にもなり，一方，海面下 500～600 m ぐらいの深層での海水温度は，およそ 4～5℃と一定で，その温度差は 20～24℃にもなる。

　そこで，この温度差を利用して，図 6-22 に示すように，蒸発器，凝縮器，タービン，発電機，ポンプなどからなる構成システムでクローズドサイクル方式によって電気を得ようとするものである。-33℃の沸点をもつアンモニアをこのシステム中に封入し，温度の高い海面水によって加熱し高圧の蒸気とし，この蒸気によりタービンを回して電気をつくり，タービンを出た蒸気は凝縮器において 4～5℃の深層の冷水で冷却，液体化され，ポンプによって蒸発器に送入され再び利用される方式である。原理は非常に単純であるが，水深の深い海洋上にプラントを設置するので，プラントの固定の方法や海流の影響に耐える取水管の取り付け方や材質の問題，発電された電気の送電や貯蔵などの問題が残され，実用化のためには，これらの課題をさらに解決しなければならない。

　潮の干満の差から得られるエネルギーを発電に利用したものが**潮汐発電**である。いいかえれば，潮位差を利用した水力発電ということができる。

　世界に先がけて，ランス潮汐発電所がフランスのランス川河口に建設された。フランス北部のこの発電所における最高潮位差は約 13.5 m である。河口にせきをつくり，満潮時の流入エネルギーと干潮時の流出エネルギーを利用した発電システムである。1961 年に建設が開始され，1967 年に 24 万 KW 規模の発

電所が完成し実用化されている。しかし，潮汐発電は，潮の干満の差が大きくなければならず，河口にせきを設けて貯水地をつくり得る場所でなくてはならない。このような条件を満たす場所の問題を考えると，河口であればどこにでも発電所の建設が可能というものではない。

波力発電システムは，波の力を用いて発電しようとするものである。これは，海水の動きすなわち海面の上下動と前後動を利用するなどの方法がある。

代表的なもので実用化されたものに，わが国の益田氏が開発した益田式空気タービン波力発電機がある。小型発電装置で，港湾の航路標識用ブイなどに利用されている。

これは，波による海面の上下動を利用したものであるが，原理は，ウキとパイプを組み合わせて海面に浮かべ，パイプの海面上に出たところに弁をつけ，波の上下によるパイプ内の水頭の変化を利用するものである。たとえば，水頭が下がるときは弁から外部の空気がパイプ内に流れ込み，逆に水頭が上昇するとパイプ内の空気が外部に出ていく。この弁を通した空気の流れを，パイプの頭部につけたタービンを回す力に利用して，電気を得る空気タービン方式である。

そのほか，海洋エネルギーとして，海流・潮流のエネルギーを変換して電気をつくる**海流・潮流発電**システムもある。これは，海流のもつ流れのエネルギーを電気に変換するもので，わが国においても海上保安庁が明石海峡に設置し，浮灯標の電力として使用している。

章-7　資源循環型社会と環境保全

今日，産業活動や日常生活から排出される廃棄物の量は莫大なものである。わが国における一般廃棄物の総排出量は，約 5,000 万 t/年，産業廃棄物は 39,300 万 t/年で，ここ数年は横ばい状況となっている。

我々が日常的に使用している紙，プラスチック，缶などの製品原料は，地球の大切な資源であり，それらの原料から製品をつくりあげるために大量のエネルギーが消費される。一方でそれらの使用ずみの製品をゴミとしてただ単に廃棄するのではなく，再利用をはかれば資源の浪費を防止するだけでなく，原料から製品を生み出す場合よりはるかにエネルギー消費を少なくおさえることが

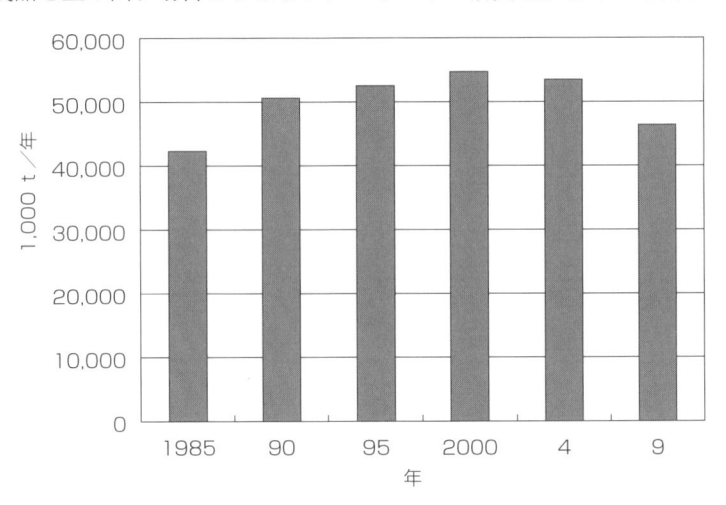

図 7-1　わが国のゴミ総排出量の推移
資料：環境省総合環境政策局編「環境統計集」（平成 24 年版）

できる。結果的に二酸化炭素などの温暖化ガスの発生量を減少させることにもなる。

我々は今日，地球温暖化進行の中で，石油，石炭などの化石燃料の燃焼に伴い発生する二酸化炭素の量を減少させなくてはならない命題に直面している。この緊急な命題に対し，豊かな生活を維持しつつもエネルギーの消費量を減少させていかなくてはならず，さらに限られた資源を有効に利用していかなくてはならない。

7-1 プラスチック

石油を主な原料として人工的に合成されたプラスチックは，今日，建築材料，包装材料などとして大量に消費されている。プラスチックは加工しやすく，丈夫で化学的に安定で，安価であるため，我々の生活を便利にし，その需要を大いに増大させた。しかし，これらプラスチックは，天然ゴムやタンパク質などの高分子化合物とは違い，人工的に重合反応によってつくりあげられたもので，もともと自然界に存在しなかったものである。廃棄されたプラスチック製品が自然界で処理されづらく，埋立処理した場合，埋立地全体の沈下速度を遅らせ，その土地利用に支障をきたすなど環境問題を引き起こした。この便利ではあるが処分に困るプラスチック製品は，現在都市塵芥中，一般ゴミ量の約10％にも達し，一般家庭からも事業所からの排出量も年々増加の一途をたどっている。

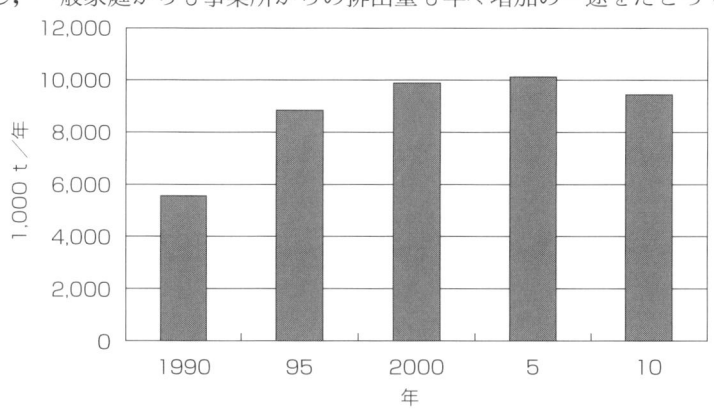

図 7-2　わが国の廃プラスチック排出量の推移
出典：(社) プラスチック処理促進協会資料

プラスチックがかかわる環境汚染としては，埋立処理の問題のほか，製造時におけるエネルギー消費由来の二酸化炭素排出，廃プラスチック焼却処分時の二酸化炭素排出，プラスチックの安定剤や着色剤，可塑剤，酸化防止剤などに用いられる各種添加剤の問題があげられる。

埋立処分地の浸出水からプラスチックの**可塑剤**として添加されているフタル酸ジエチルをはじめとするフタル酸エステル類や，難燃剤として添加されているリン酸トリエチルをはじめとするリン酸トリエステル類などが高濃度で検出されることがあるが，諸条件から推察してプラスチック由来の汚染であると考えられている。

PVC（ポリビニルクロライド）の可塑剤としての DEHP（2ーエチルヘキシルフタレート）は発がん性や生殖毒性も懸念され，水質環境の要監視項目にもなっている。同様にリン酸トリクロロエチルも動物実験の結果，発ガン性が認められている。また，酸化防止剤としての添加剤のビスフェノール系化合物は生殖毒性が懸念されている。

一方，廃プラスチックの焼却処分により，添加剤としての有機化合物は分解されるが，プラスチックの安定剤や着色剤として用いられているカドミウムや鉛などの重金属化合物は，分解されずに排ガス中に放出され，大気汚染発生源の一つとなっている。さらに焼却灰中に存在するカドミウムなど重金属類は，埋立処分地の浸出水に溶出するおそれがあるので，**特別管理廃棄物**として固形

表 7-1　毒性が疑われる主なプラスチック添加剤

種　類	用　途	疑われる主な毒性
カドミウム	安定剤・着色剤	発がん性
鉛	安定剤	発がん性
	着色剤	
クロム	着色剤	発がん性
酸化アンチモン	難燃剤	発がん性
モリブデン	着色剤	生殖毒性
DEHP	可塑剤	発がん性
ビスフェノール系	酸化防止剤	生殖毒性
BHA	酸化防止剤	生殖毒性

注）DEHP：フタル酸ジ（2-エチルヘキシル）
　　BHA：ブチルヒドロキシアニソール
安田憲二，都市清掃，vol. 175,（1990）

化処理するよう法律で義務づけられている。

　このように，プラスチックはいまや材料としてなくてはならないものとなっているが，大量消費後の，廃棄された製品の処分が大きな問題となっているのである。人工的に合成されたプラスチックを分解，無害化する微生物が自然界には少なく，おのずと土壌や海洋などの環境中に長年放置されることになるからである。

　本来，自然界にもともと存在する有機高分子化合物は，そのほとんどが生分解性で最終的には微生物によって分解され，水と二酸化炭素になる炭素循環という物質循環が成り立っており，それが繰り返されてきたのである。

　動物を例にとってみると，食糧となる植物は空気中の二酸化炭素と太陽の光による光合成によって成長し，その植物を動物が炭素源として摂取し，またその動物をも摂取して体内の酵素によって分解し，必要な有機化合物を合成して生存しているのである。

　さらにそれらの動植物は最終的には，バクテリアやカビなどの微生物体内からの酵素によって二酸化炭素や水に変化していく循環回路にのって分解する。

　さて，石油から合成されるプラスチックは原料の枯渇もさることながら，廃プラスチックの環境汚染の問題も大きく懸念されることから石油とはちがった，たとえば植物のような再生可能な物質を原料として用い，性質も石油由来の合成高分子化合物と同等な生分解性プラスチックの合成が注目されるようになった。いわゆる**グリーンプラスチック**としての**ポリ乳酸**（poly acticacid）である。このプラスチックは自然界で微生物や酵素によって分解されるので，埋立処分が可能で，焼却処分しても発熱量が低く，ダイオキシン類の発生もなく，夢のプラスチックである。

　ポリ乳酸は，ポリエチレンテレフタレート（PET）と同類のポリエステルの中の脂肪族ポリエステルであり，PET同様の強度や透明度をもつプラスチックである。繊維，フィルムへ，また生体安全性が高いことから手術用糸など医療分野の用途も可能である。しかし，ポリ乳酸は既存プラスチックと同様の性質を有しているが製造コストが高価なため，まだ一部の製品に使用されているにすぎない。

　このポリ乳酸という合成高分子化合物の原料はトウモロコシなどの植物であ

り，光合成によってつくられたデンプンから乳酸を生み出し，これを原料としてポリ乳酸という合成高分子化合物をつくるのである。使用済みのポリ乳酸は最終的に自然界で分解され，二酸化炭素と水になるが，焼却処分によって新たに環境中に二酸化炭素を発生させることがなく，いいかえれば，二酸化炭素と水から合成され，二酸化炭素と水に帰るという，まさに資源環境型のプラス

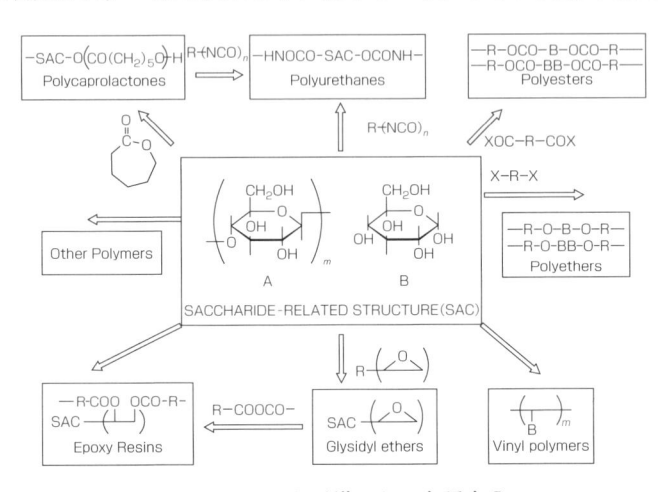

図 7-3 糖類から誘導される各種高分子
畠山兵衛，Petrotch, vol. 23, No.9,（2008）石油学会

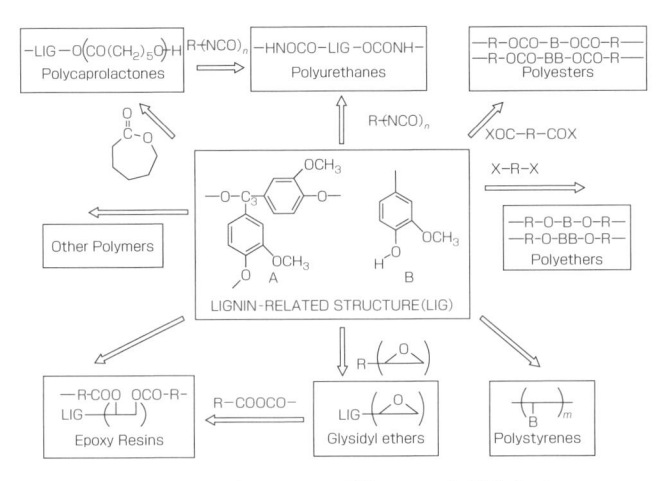

図 7-4 リグニンから誘導される各種高分子
畠山兵衛，Petrotch, vol. 23, No.9,（2008）石油学会

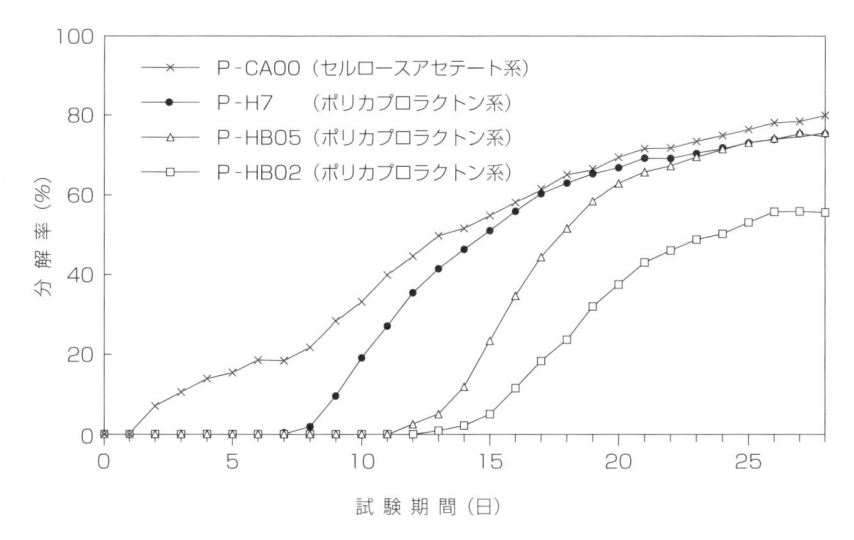

図 7-5 セルグリーン® の生分解性評価結果
伊藤正則，Petrotech, vol. 23, No.9, (2000) 石油学会

チックということができる。

　そのほか，環境にやさしい**生分解性のプラスチック**としては，植物の構成成分を分子鎖中に組み込んだ，たとえば，製糖の副産物である廃糖蜜やパルプ産業での副産物であるリグニンを分子中に組み込んだ合成高分子が畠山等によって研究合成されている。

　この高分子化合物は，車の部品や台所や風呂用のクリーナースポンジ，苗床などの農業用材などに利用され，廃棄後は土壌中でゆっくりと分解し，フミン質となり植物の生育の助剤となる。わが国においては，リグニンが約 800 万 t/yr も得られ，その大部分が焼却処分され，二酸化炭素の発生源の一つになっている。その意味においても，このプラスチックは，二酸化炭素の発生量低減にも有効なものといえる。

　また，天然物であるセルロースを原料とした**セルロースアセテート系プラスチック**も開発され，ポリスチレンと同分野のラミネート，テープ類などのフィルム用途が考えられ，好気的条件下における都市下水処理場返送汚泥使用のもとでの生分解性評価では，25 日間で 70 %の分解率を示している。

　廃棄プラスチックの埋立処分や焼却処分とは別に，不法投棄が自然環境を大

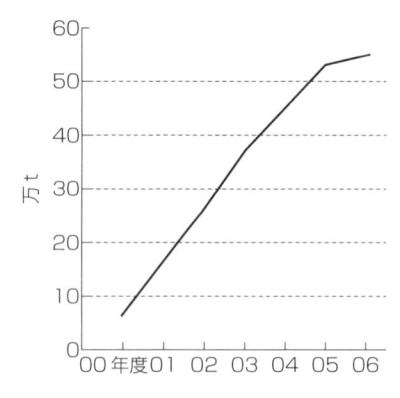

図 7-6　容器包装リサイクル法により再資源化ルートにまわったプラスチックゴミ
資料：日本容器包装リサイクル協会

きく汚染している。プラスチックが自然界において分解しづらいことから，投棄されたプラスチックは陸地のみならず海洋も汚染し，世界中の海面に世界中から投棄されたプラスチック製品が浮遊し，海の美観のみでなく船舶の航行を妨害し，そこに生息する生物の生存にも大きな悪影響を及ぼしている。

　わが国における 2002 年の一般および産業廃棄物量中の廃プラスチック量は，990 万 t/yr で，プラスチックの種類としてはポリオレフィン類が 50 ％以上を占めている。また，用途別に見ると約 46 ％が容器包装用品で，一般廃棄物のみで見ると 70 ％が容器包装用である。このような現状から，政府は 1997 年に PET ボトルに，2000 年にはそれ以外のプラスチックについても**容器包装リサイクル法**を施行し，自治体においては分別収集を，また事業所においては，その分別収集された廃プラスチックを再製品化するよう規制した。その結果，ようやく 2003 年にはそのうち約 26 万 t が，さらに 2006 年には約 57 万 t が再資源化ルートに廃プラスチックがまわるようになった。

　この法律では，プラスチック製品から再びプラスチック材料となる物質を回収する**マテリアルリサイクル**と，モノマー原料や油などとして回収する**ケミカルリサイクル**が処理方法として定められている。2003 年における再製品化された量のうち，15 ％がマテリアルリサイクルで，3 ％がケミカルリサイクルか

らである。燃焼させてその熱エネルギーを利用する**サーマルリサイクル**が37％，未利用処分が45％となっている。この未利用処分される廃プラスチックの割合をいかに少なくするかが，これからの**循環型社会**構築に重要であることはいうまでもない。

材料として再利用できる廃プラスチックは，マテリアルリサイクルで，再利用できない廃プラスチックは，油化，ガス化，溶媒抽出などにより石油化学のフィードストックリサイクルに，最後にサーマルリサイクルとして燃やしエネルギーを得るという工程をくり返し，プラスチックの原料としての石油資源を，有効に利用する物質循環をしっかり進めていかなくてはならない。

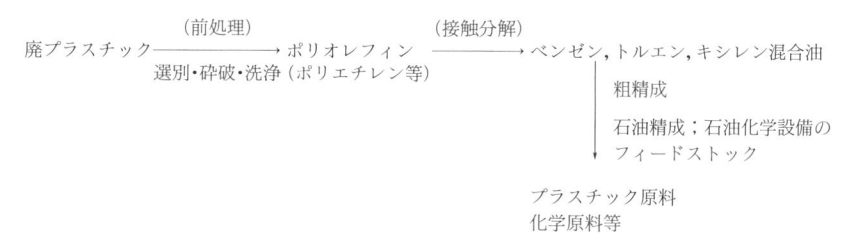

```
                 (前処理)                    (接触分解)
廃プラスチック ─────────→ ポリオレフィン ─────────→ ベンゼン, トルエン, キシレン混合油
            選別・砕破・洗浄 (ポリエチレン等)              │
                                                  粗精成
                                                  │
                                                  石油精成；石油化学設備の
                                                  ↓ フィードストック
                                                  プラスチック原料
                                                  化学原料等
```

廃棄プラスチックのフィードストックリサイクルシステムの一例

7-2　金属類のリサイクル
7-2-1　アルミニウム

アルミニウムは，酸素との結合力が強く，鉱石から容易にアルミニウムに還元することができず20世紀に入るまで利用されなかった。しかし，現在アルミニウムは，やわらかく加工しやすく軽量で美しく耐蝕性が優れており，飲料容器の素材として鉄についで大量に利用されている。アルミニウムの表面に酸化アルミニウムの密で薄い（0.007 mm）分子状の膜を生成しておけば皮膜となってさびの防止にもなる。アルミホイルがその一例である。

また，アルミニウムを陽極，炭素を陰極として硫酸やシュウ酸の溶液中で電解すると，陽極より発生する酸素によって酸化皮膜が（5～10 mm）生成して，これによってアルマイトがつくられアルミサッシ，ドア，フェンスなどの建築材料として多用されている。

アルミニウムの製造は，鉱石のボーキサイト（Al_2O_3 53～60％，Fe_2O_3 6～

13％，そのほかSiO$_2$，TiO$_2$含）に水酸化ナトリウム溶液を加え，酸化アルミニウムをNa$_3$AlO$_3$とほかの成分とに分離させ，得られたNa$_3$AlO$_3$水溶液に大量の水を加え，Al(OH)$_3$の白色沈殿を生成させ，これをよく洗浄した後，約1,100°Cで焼いてAl$_2$O$_3$を得る。得られたAl$_2$O$_3$は融点が非常に高いので，そのまま溶融するのは困難なため溶融した氷晶石（Na$_3$AlF$_6$, mp 1,000°C）にAl$_2$O$_3$を加え溶融し両極を炭素電極として電解（溶融塩電解）し99〜99.8％程のアルミニウムをつくっている。

$$\underbrace{Al_2O_3 + 不純物}_{(ボーキサイト)} + 6\,NaOH \longrightarrow 2\,Na_3AlO_3 + 3\,H_2O + 不純物$$

$$Na_3AlO_3 + 3\,H_2O \longrightarrow Al(OH)_3 + 3\,NaOH$$

$$Al(OH)_3 \longrightarrow Al_2O_3$$

$$Al_2O_3 \xrightarrow{電解} アルミニウム$$

そのほかボーキサイトよりアーク炉を用いて直接炭素で還元し，一塩化アルミニウムとしてAlに還元する方法もある。

アルミニウムはボーキサイトから地金をつくるが，この過程で電力を多く消費する。使用済みのアルミニウム製品を回収しアルミニウムを再生するならばその消費電力は約1/30ですみ大きな節約になる。アルミ缶リサイクル協会によると，2005年度の飲料用アルミニウム缶のリサイクル率は91.7％，2010年では92.6％となっている。

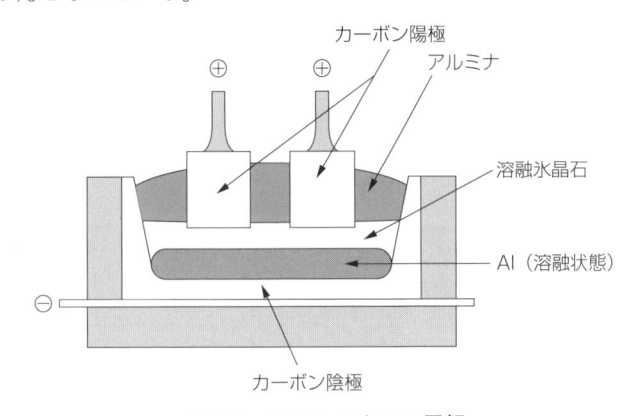

図7-7　アルミニウムの電解

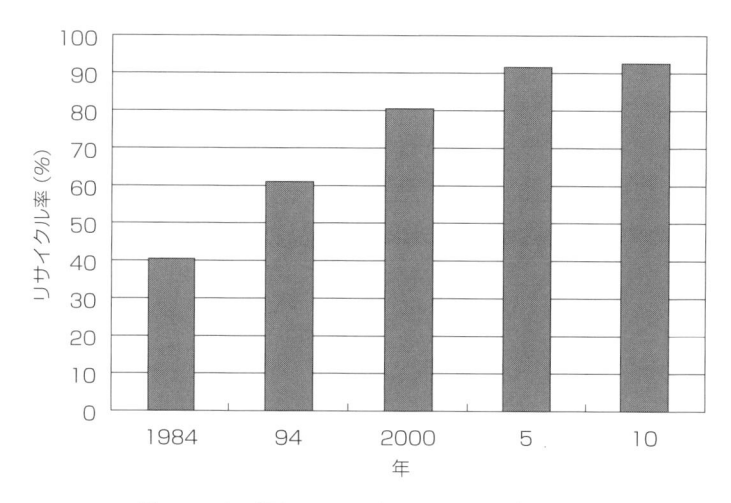

章—7 資源循環型社会と環境保全　103

図 7-8　わが国のアルミ缶リサイクル率の推移
出典：アルミ缶リサイクル協会資料

リサイクル率（％）＝ $\dfrac{\text{回収重量}}{\text{消費重量}} \times 100$　　回収重量：アルミニウムの地金に再生されたアルミニウムの重量

2005年の使用済みのアルミニウム缶の回収重量は276,000万tにも達している。これを消費電力量に換算すると549,000万KWhの節約となり，日本全国の世帯数の約11日分の電力使用量に相当する。

7-2-2　その他の金属のリサイクル現状

今日，携帯電話の普及はいちじるしく，小学生でも携帯所持をするような時代になっている。この使用済みの携帯電話器をゴミとして扱うのではなく資源として回収し，本体，電池，充電器に解体し，さらに細かく分別する技術改革がなされ，リサイクル率は99％にも達するようになった。

南アメリカの金鉱山から産出する金鉱石中には1t当たり4〜5gの金が産出されるが，この携帯電話器のリサイクルによって回収される金は，廃棄携帯電話器1tから150gもの量が回収できる。さらに銀は1.5kg，銅が100kg，鉄が10kg，パラジウムは50g，そのほかニッケルなど多くの金属が回収され，まさにこれら金属の"都市鉱山"ともいわれるようになってきたのである。大

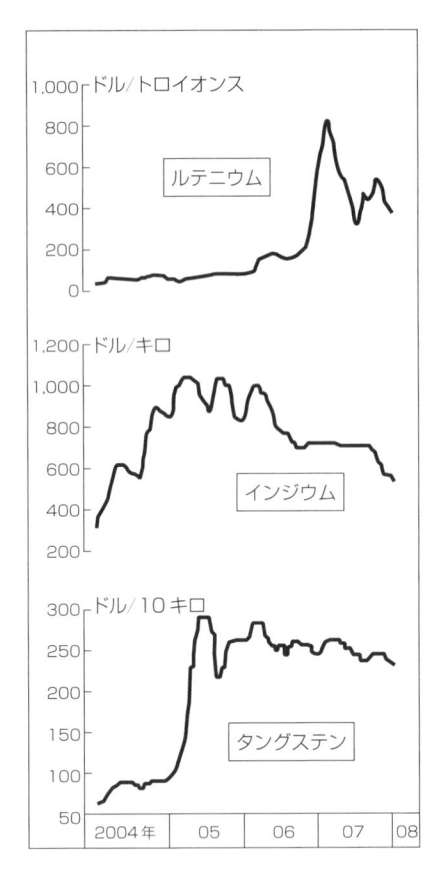

図7-9 レアメタルの国際価格
(日経新聞2008年1月9日)

企業もこのリサイクル分野に参入し始めた。
　ハードディスク材料となる希少金属のルテニウムは需要の増加に伴い，2007年2月にはそれまでの1年間で国際価格が何と9倍にもなった。消費大国であるわが国では，リサイクルによる再生の必要性が大いに高まり，ハードディスクの生産工程におけるスクラップを極力回収し，ルテニウム地金の再生効率向上に努力した。結果として国祭価格は最高値の半値以下に下落した。同様に液晶パネルの電極材料となるインジウムも総需要に占めるリサイクル品の割合を高めた結果，国際価格は最高値の約半値の540ドル/kgにも落とすことに成功

した。これらリサイクル技術の進歩はビジネスに貢献することはいうまでもないが，貴重な資源の有効利用，節約，また環境改善の見地からもますます努力をはらわなくてはならないものである。

7-3　省エネルギー

わが国においては二度の石油ショックを経機に1979年に"省エネ法"が施行された。この省エネ法の発想の原点は，限りある石油などのエネルギー資源を大切に使い，有効に利用して資源の寿命を少しでも長引かせることに軸足がかかっていた。しかしその後，エネルギーの多消費は，エネルギー源が石油などの化石燃料の燃焼にあることから，排気ガスことに二酸化炭素などの温室効果ガスを大量に放出させ，地球温暖化につながることから，その防止のためにエネルギーをできるだけ効率よく消費する方向に軸足が変化し，今日に致っている。

1992年のブラジルにおける"地球サミット"で地球温暖化が大きなテーマとなり，温室効果ガス削減を目的とした省エネルギーの必要性が明らかとなった。1997年，京都において気候変動枠組条約第3回条約締約国会議"COP 3"が開催されて，「京都議定書」が採択され，締約国は，国際的に温室効果ガスの発生を削減することを約束した。わが国では1998年に**地球温暖化対策推進大綱**が策定され，1999年には，**トップランナー方式**を導入した"改

産業部門
2,100万 kl/5,700万 kl

民主部門
1,910万 kl/5,700万 kl

運輸部門
1,690万 kl/5,700万 kl

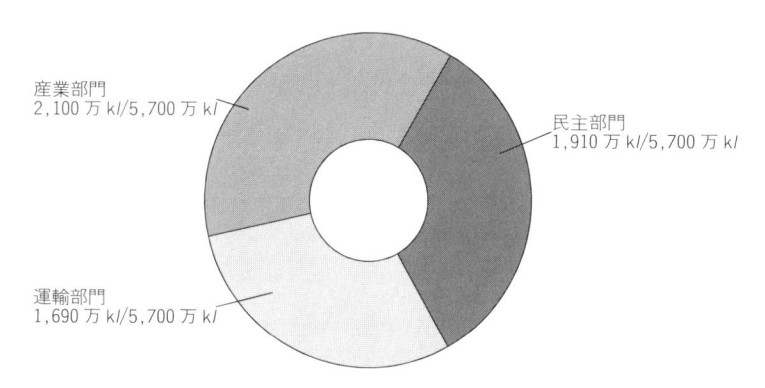

図 7-10　2010年度削減目標（原油換算）
省エネ対策の具体的数値目標
資料：地球温暖化対策推進大綱

正省エネ法"が施行され，2002年には地球温暖化対策推進大綱の見直し，京都議定書批准，オフィスビル等の省エネ対策の強化などがおこなわれ，省エネへの取り組みが確実に進行しつつある。

ここで"トップランナー方式"というのは，エアコン，テレビ，冷蔵庫，コンピュータ，自動車など21特定機器についてエネルギー消費効率がもっとも優れている機器の性能値を省エネルギー目標値と定め，この値を大きく下回る製品については事業者に対し改善勧告，公表，処罰の処置がとられ，さらに一定の期限の後，この目標値を超える製品を製造しなくてはならない方式になっている。

日本は京都議定書を批准し，2008〜2012年の第一期約束期間中に二酸化炭素排出量を1990年比で6％削減を実行していかなくてはならにことになっている。そこで2002年3月に地球温暖化対策推進大綱を見直し数値目標を具体的に設定した。それによると，産業部門，民生部門，運輸部門の3分野で総計5,700万kl（原油換算）を2010年度削減目標とした。産業部門からの削減目標は，経済団体連合会メンバーによる自主的行動計画による削減，省エネ法に基づく工場における対策，新技術による高性能炉，ボイラーなどの開発や導入により2,100万kl，家庭での消費やサービス産業などの業務による消費にかかわる機器の効率改善対策，住宅など建築物の省エネルギー性能の向上，IT

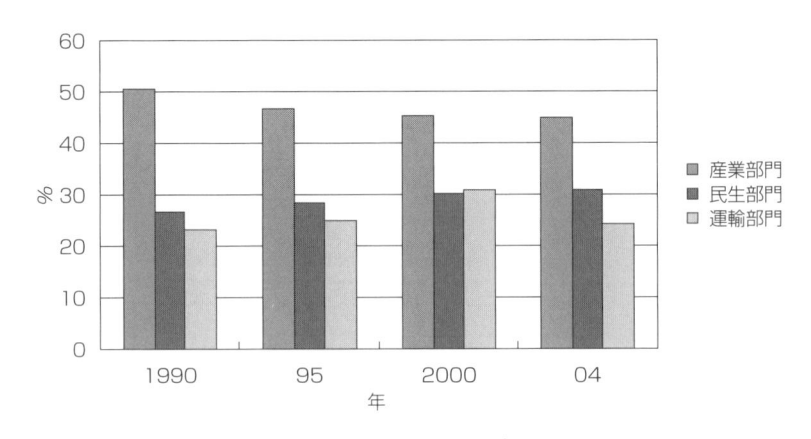

図7-11　わが国の部門別最終エネルギー消費割合の推移
資料：「総合エネルギー統計」，資源エネルギー庁長官官房総合政策課

技術を使ったエネルギー需要マネジメントの強化，高効率照明の器具の普及などにより1,910万kl，運輸部門からは低公害車，低燃費車の開発普及，モーダルシフトと物流の効率化，公共交通機関の利用促進などにより，1,690万klの削減を目標としている。しかし，前述したように2005年度の最新のデータでは排出量がさらに8.1％も増加しているといわれ，この数値で計算すると，2012年までに1990年比14.1％の排出量を削減しなくてはならず，きびしいものになっている。

オフィスなどの業務部門からの排出量が42.2％増，家電機器の普及台数の増加や建物の面積の増加など家庭部門からの二酸化炭素排出量が37.4％増と大幅な増加を示している。ここでモーダルシフトというのは，幹線における貨物輸送をトラックから鉄道や船に変え，さらにはトラックとの複合的輸送を推進するというものである。

家電製品の省エネ化は現在急速に進んでおり，エアコンや冷蔵庫などでは1990年製と比べエネルギー消費量は50％程度効率化されている。家庭における省エネは地球温暖化防止のためにも非常に大切であり，より努力が求められている。わが国の家庭部門におけるエネルギー消費量はここ数年1990年比

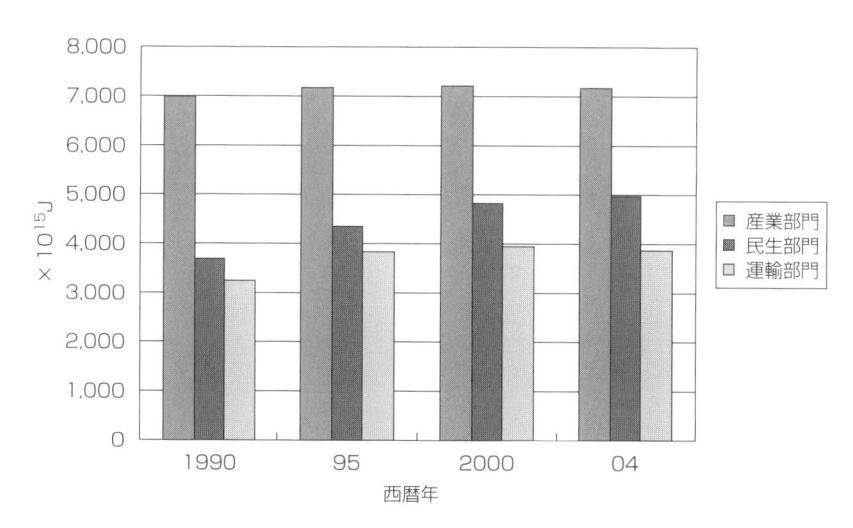

図7-12　わが国の部門別最終エネルギー消費の推移
資料：「総合エネルギー統計」資源エネルギー庁長官官房総合政策課

1.27 倍と高どまり傾向にある。

　電気製品を使っていないときにも消費される電力すなわち待機電力について考えると，使っていない電気製品の主電源を切ったりコンセントからプラグを抜くことにより消費電力の節約に大きくつながる。家庭で消費する電力のうち，この待機電力は約9％を占めているのである。

　産業部門に対し民生部門におけるエネルギー消費が増加しつづけているが，この部門における省エネは，我々個人のものの考え方を含めライフスタイルを見直し，地球環境への負荷を少なくするような行動をとるよう強く努力していかなくてはならない。

東京電力福島第一原子力発電所事故の概要

2011年3月11日14：46に発生した東北地方太平洋沖地震は，1000年に一度というM（マグニチュード）9.0の巨大地震であった。大津波が襲い多くの人命が奪われ，さらに福島県沿海部に立地する東京電力福島第一原子力発電所における外部電力の喪失をもたらし，炉心のメルトダウンという事態が発生した。決してあってはならない，外部に放射性物質を多量に放出するという深刻な事故を起こしてしまったのである。

原子力発電所における安全対策は，軽水炉型の原子炉の場合，まず炉心における核分裂反応を止めることである。これには中性子を良く吸収するホウ素やカドミウム等で作られた制御棒が用意されている。次に核分裂反応を停止させても炉内で発生した熱が急速に冷却されるわけではない。技術上は原子炉圧力容器中の水によって徐々に冷却されるもので，もし何らかの事情でこの冷却水量が減少した場合には，緊急に水を炉心に注入する非常炉心冷却装置によって水を注入し，冷却を続け，炉心の空だきを防止するようになっている。この原子炉圧力容器を覆うように厚い鋼鉄製の強固な原子炉格納容器があり，外部に放射性物質が飛び出さないようになっている。そしてこれらを包むように厚いコンクリート製の壁でできた原子炉建屋を設け，事故による放射性物質の飛散を防護するような構造になっている。

ここで大切なことは，いかなる緊急事態が生じようとも炉心の温度が異常に高くならないよう，冷却水の注入をいかに正常に確保することができるかである。しかし福島第一原子力発電所の場合，非常炉心冷却装置の作動に必要な電源が，地震や津波によって全て喪失してしまったことにより原子炉圧力容器への注水が不可能となり，燃料棒被覆管が損傷し，炉心のメルトダウンをうみ，圧力容器の破損により，圧力容器内の高圧水蒸気やジルコニウム-水反応から発生する水素や各種揮発性放射性物質が格納容器に漏出し，さらに，これらの物質は，原子炉格納容器のフランジ部や各種パッキングを劣化させ，そこから原子炉建屋内に漏れ移行し，充満した水素が爆発し建屋は大きく破壊され内部の放射性物質を大気中に放出してしまったわけである。

東京電力福島第一原子力発電所事故による放射性物質の大気中への推定放出量

（放出量単位：PBq　1 PBq＝$1×10^{15}$　Bq）

出典	期間	-131	Cs-137	INES評価
東京電力	2011/3/12〜3/31	500	10	900
日本原子力研究開発機構	2011/3/11〜4/1	120	9	480

（INES　国際原子力指標尺度：放射線量をヨウ素換算した値）
（ちなみにチェルノブイリ原子力発電所事故時のINES評価は，5200）

参考文献

1) 崎川範行・鈴木啓輔「環境科学（増補版）」三共出版（1983）
2) 崎川範行・鈴木啓輔「エネルギーとその資源」三共出版（1982）
3) 鈴木啓輔・奥谷忠雄「資源と化学」三共出版（1992）
4) 「環境・循環型社会白書　平成20年版」環境省
5) 「環境統計集　平成19年版」環境省
6) 日本国勢図会（2007〜2008），天野恒太記念会編集
7) 経済産業省資源エネルギー庁編「日本のエネルギー　光と影」星雲社（2004）
8) 都築俊文・伊藤八十男・上田祥久「地球環境サイエンスシリーズ①水と水質汚染」三共出版（1996）
9) 田中俊逸・竹内浩士「地球環境サイエンスシリーズ③地球の大気と環境」三共出版（1997）
10) 那須淑子・佐久間敏雄「地球環境サイエンスシリーズ⑤土と環境」三共出版（1997）
11) レスター・R・ブラウン編著・浜中裕徳監訳「地球白書1999〜2000」ダイヤモンド社（1999）
12) PETROTECH, VOL.23, NO.9, 畠山兵衛, 石油学会（2000）
13) PETROTECH, VOL.23, NO.9, 伊藤正則, 石油学会（2000）
14) PETROTECH, VOL.23, NO.9, 望月政嗣他, 石油学会（2000）
15) PETROTECH, VOL.27, NO.11, 西野順也他, 石油学会（2004）
16) WIE FUNKTIONIERT DAS？
17) 千葉日報新聞
18) 読売新聞
19) 日本経済新聞
20) 朝日新聞

索引

あ行

青い惑星　34
青潮　44
赤潮　43
アスベスト　29
亜硫酸パルプ法（SP法）　10
アルミ缶リサイクル率　103
アンモニア合成法　7

イタイイタイ病　38,54
一律排水基準　48

ウラン埋蔵量　82

エアロゾル　32
煙害　9
遠心分離法　81
エンリコ・フェルミ　78

オキシダント　14
オゾン　21
オゾン層の破壊　21
オゾン層保護法　23
温室効果ガス　25,27
温排水　47

BHC　56
BOD　46,47
BWR　80
COD　46,47
COP 3　29,105
DDT　54,55
IEA　74
ING　73
IPCC　28,75
IPCCの第四次評価報告書　75
MOX 燃料　82
n 型半導体　87
OTEC　91
PCB　56
PWR　80
p 型半導体　87
UNCED　29
VOC　30

カ行

カーボンニュートラル　90
海洋エネルギー　91
海洋汚染　44
海洋温度差発電　91
海流・潮流発電　93
化学肥料生産量　58
確認埋蔵量　66,69
核燃料　82
核分裂反応　78
可採年数　65,66
ガス拡散法　81
ガス冷却炉　79
化石燃料　64
化石燃料起源の二酸化炭素排出量　26
ガソール　90
可塑剤　96
家電リサイクル法　24
灌漑農業　35
灌漑用水　35
間接脱硫法　17

気候変動　29
気象変動枠組条約　29
気団　9
揮発性有機塩素化合物　40
逆転層　15
京都議定書　29,75
金属類のリサイクル　101

国別一人当たりの二酸化炭素排出量　27
クラフトパルプ（KP法）　10
グリーンプラスチック　97
クロロフルオロカーボンズ　22

軽水炉　79
経年変化　20
下水道普及率　41
ケミカルリサイクル　100
嫌気生分解　46
原子力　76
原子力発電　76
原子炉　79
原油確認(残存)埋蔵量　65

鉱害　9
公害対策基本法　48
光化学スモッグ　13
好気生分解　46
工業排水　36
工業用水　35
鉱山廃水　9,61
硬水　37
構造天然ガス　72
高速増殖炉型原子炉　83

111

鉱毒　9
穀物作付面積　59, 60
根粒バクテリア　57

さ行

サーマルリサイクル　101
再生可能エネルギー　84
砂漠化　6, 61
産業革命　8, 63
酸性雨（acid rain）　9, 12, 16, 68
酸性鉱廃水　8
酸性土壌　58

シアノバクテリア　59
重金属汚染　38
重水炉　79
重油の脱硫　18
循環型社会　101
省エネルギー　105
常陽　83
食物連鎖　54
新エネルギー　84
森林破壊　7
水銀系農薬　39
水源涵養機能　6
水質汚濁　34, 36, 38
水質汚濁に係わる環境基準　48
水質汚濁防止法　48, 61
推定埋蔵量　66
水溶液天然ガス　72
ストックホルム会議　29
スモッグ　12

生活環境の保全に関する環境基準　48
生活排水　36, 42
生活用水　35
制御棒　79
生物濃縮　54
生分解性プラスチック　99
世界人口の推移　3
世界のエネルギー消費量の推移　64
石炭　69
石炭の分子構造　70
石油　65
石油の採取法　71
石灰―石こう法　19
接触硫酸製造法　10
セルロースアセテート系プラスチック　99

た行

代替燃料　85
代替フロン　24
大気中の二酸化炭素濃度の推移　26
大気の組成　12
太陽エネルギー　85
太陽温水器　86
太陽電池　87
太陽熱発電　86
太陽光発電　86
たたら製鉄　7
炭化水素　67

地殻　1
地球温暖化　27, 75
地球温暖化対策推進大綱　105
地球サミット　30, 105
窒素肥料　58
中性子　78
中性子の減速材　79
潮汐発電　93
直接脱硫法　17

天然ガス　70
天然ガスの消費量　71
天然ガスの埋蔵量　73

特殊相対性理論　76
特定粉塵　30
特別管理廃棄物　96
都市鉱山　103
土壌汚染　54
土壌浸食　61
土壌の汚染に係わる環境基準　61
土壌の機能　52
土壌の喪失　60
土壌の劣化　59
トップランナー方式　105
トリポリリン酸ナトリウム　42

な行

ナフサ（naptha）　69
鉛　32
軟水　37
二酸化硫黄（SO_2）　8, 9, 13, 16, 68
二酸化硫黄濃度　19
二酸化炭素　8
二酸化炭素の国別排出量　27
二酸化窒素　20

農業排水　36
農業用水　35
濃縮ウラン　81
ノックス（NOx）　20

は行

排煙脱硫法　18
バイオガソリン　90
バイオマス　89
バイオマス資源　89
バイオマス燃料　90
バイオマス発電　90
背斜構造　72

索　引

排水基準　48
廃プラスチック排出量　95
バラスト水　45
波力発電　93
ハロン　24

人の健康保護に関する環境基
　　準　48
氷河期　28
氷床中鉛量　31

風トピア計画　88
風力　87
風力発電　87
富栄養化　41,42
浮遊粒子状物質　32
プラスチック添加剤　96
プルサーマル　82
フロン回収破壊法　24
フロンガス　21

ペルオキシアシルナイトレー

ト PAN　15
ポリ乳酸　97

ま行

マテリアルリサイクル
　100
マルポール条約　45

水の循環　35
水の華　43
水の惑星　34
緑のダム　6,61
水俣病　38

メチル水銀　39
メトヘモグロビン血症　59

もんじゅ　83
モントリオール議定書　23

や行

焼畑農業　5

有機水銀系農薬　57
有機スズ化合物　46
有機リン系農薬　56
油ボール　45

容器包装リサイクル法
　100
溶存酸素　43,44,46

ら行

緑肥　57
リン肥料　58
ロードオントップシステム
　45
ロサンゼルス型スモッグ
　13
ロンドン型スモッグ　13

著者略歴

鈴木 啓輔
（すず き けい すけ）

|1945 年　千葉県市川市に生れる
|1972 年　日本大学大学院理工学研究科有機応用化学専攻修了
|1974 年　ソニー学園湘北短期大学助教授
　　　　　元ソニー学園湘北短期大学教授
　　　　　工学博士
著　書　環境科学（三共出版）
　　　　エネルギーとその資源（三共出版）
　　　　資源と化学（三共出版）

わかる環境科学
（かん きょう か がく）

2009 年 4 月 20 日　初版第 1 刷発行
2016 年 4 月 15 日　初版第 3 刷発行

Ⓒ 著者　鈴　木　啓　輔

発行者　秀　島　　　功

印刷者　渡　辺　善　広

発行所　三共出版株式会社　東京都千代田区
　　　　　　　　　　　　　　神田神保町 3 の 2

〒 101-0051　電話 03(3264)5711　FAX 03(3265)5149　振替 00110-9-1065

一般社団法人 日本書籍出版協会・一般社団法人 自然科学書協会・工学書協会 会員

印刷・製本　壮光舎

JCOPY ＜(社)出版者著作権管理機構 委託出版物＞
本書の無断複写は著作権法上での例外を除き禁じられています。複写される場合は、そのつど事前に、(社)出版者著作権管理機構（電話 03-3513-6969、FAX 03-3513-6979、e-mail:info@jcopy.or.jp）の許諾を得てください。

ISBN 978-4-7827-0588-9